大学化学习题精解系列

无机化学习题精解(下)

(第二版)

胡少文 唐任寰 编

科学出版社
北京

内容简介

本书为《大学化学习题精解系列》之一，是原《大学基础课化学类习题精解丛书》之《无机化学习题精解(下)》的第二版。

本书从国内外大量文献中精选出有代表性的习题，结合相关基础知识要点给出具体的解题思路和步骤，以达到强化知识结构、加深理解及熟练解题的目的。本书根据近几年的教学发展增补了新的知识点，强化了重点部分，进一步提高了教学的适用性。全书共分 11 章，包括氢、碱金属、碱土金属、硼族元素、碳族元素、氮族元素、氧族元素、卤素、铜族和锌族元素、过渡金属元素、镧系和锕系元素等。

本书可作为综合性大学以及理工、师范、农林、医药等有关专业学生和硕士研究生备考者的参考用书，亦可供有关教师及化学工作者参考。

图书在版编目(CIP)数据

无机化学习题精解(下)/胡少文，唐任寰编. —2 版. —北京:科学出版社，2005

(大学化学习题精解系列)

ISBN 978-7-03-014846-9

Ⅰ. 无… Ⅱ. ①胡…②唐… Ⅲ. 无机化学-高等学校-解题 Ⅳ. O61-44

中国版本图书馆 CIP 数据核字(2005)第 008443 号

责任编辑:王志欣 胡华强 丁 里/责任校对:陈玉凤

责任印制:赵 博/封面设计:陈 敬

科学出版社 出版

北京东黄城根北街 16 号

邮政编码:100717

http://www.sciencep.com

三河市骏杰印刷有限公司印刷

科学出版社发行 各地新华书店经销

*

1999 年 8 月第 一 版 开本:1/16 720×1000

2005 年 5 月第 二 版 印张:9 3/4

2017 年 4 月第七次印刷 字数:181 000

定价:35.00 元

(如有印装质量问题，我社负责调换)

序

我国将开始全面实施《高等教育面向21世纪教育内容和课程体系改革计划》，按照新的专业方案，实现课程结构和教学内容的整合、优化，编写出版一批高水平、高质量的教材来。其目标就是转变教育思想，改革人才培养模式，实现教学内容、课程体系、教学方法和手段的现代化，形成和建立有中国特色高等教育的教学内容和课程体系。

演算习题是学习中的重要环节，是课堂和课本所学知识的初步应用与实践，通过演算和思考，不仅能考查对知识的理解和运用程度，巩固书本知识，而且培养了科学的思维方法和解题能力。在学习中，若仅是为了完成作业、应付考试，或舍身于题海，则会徒然劳多益少，趣味索然。反之，若能直取主题，举一反三，便可收事半功倍之效，心旷神怡。

本套丛书共分8卷，是从大学主干基础课的四大化学：无机化学、有机化学、物理化学和分析化学等课程中精选得来，包括了综合性大学、高等院校理科和应用化学类本科生从一年级至四年级的基本知识和能力运算。各书每章在简明扼要的基本知识或主要公式后，针对性挑选系列练习题，对每题均给出解题思路、方法和步骤，使同学能加深对相关章节知识的理解和掌握，以及运用知识之灵活性，并便于读者随时翻阅，不致在解题过程中因噎废食，半途而废。

约请参加本套丛书编写的有北京大学、南京大学、武汉大学、华中科技大学和华中师范大学等长期在教学第一线从事基础教学和科学研究的教师们，他们积累有丰富的教学经验和科研成果，相得益彰，并且深入同学实际，循循善诱。不管教育内容和课程体系做如何的更动调整，集四大化学的精选题解都具有提纲挈领的功力，因其中筛集以千计的题条几囊括了化学类题海之精英，包含各类题型和不同层面的难度及其变化。融会贯通的结果将熟能生巧，并对其他“高、精、尖”难题迎刃而解。工欲善其事，必先利其器。历年来综合性大学、高等院校理科化学专业及应用化学专业本科生、研究生和出国留学人员的沙场战绩证明，本套丛书将是对他们十分有用并必备的学习工具。

我们对北京大学、南京大学、武汉大学、华中科技大学、华中师范大学和科学出版社等有关领导给予的大力支持和积极帮助深表感谢。

鉴于是首次组织著名大学的化学教授和专家们分别执写基础化学课目,虽经认真磋商和校核,仍难免存在错误和不妥之处,还望专家和读者们不吝赐教和指正,以便我们今后工作中加以改进,不胜感谢。

唐任寰

1999年5月于北京大学燕园

目　　录

第一章　氢

（一）概　　述

氢(hydrogen)是所有化学元素中最轻的元素，在元素周期表中排在第一位，和氦一起构成第一周期，没有其他元素可以和它同族。丰度最高的氢同位素由只含有一个质子的原子核和一个核外电子构成。如表 1.1 所示，氢原子的基态电子层结构是 $1s^1$，氢的单质通常以双分子气体的形式存在。除了惰性气体，所有元素都可以和氢形成化合物，其中较为重要的有水、氨、各种酸碱和组成有机化合物基本结构的碳氢化合物。含氢化合物本身可以通过离子键或共价键构成，分子之间还可以形成特殊的氢键。因此，有关氢的化学反应十分丰富。

表 1.1　氢原子和氢气的一些重要性质

H 基态电子构型	$1s^1$
H 电离能/($kcal\cdot mol^{-1}$)	314
H 电子亲和势/($kcal\cdot mol^{-1}$)	17
原子共价半径/Å	0.371
氢气的分子结构	H_2
H_2 常温下物态	无色、无臭、无味的气体
H—H 键能/($kcal\cdot mol^{-1}$)	104.2
H_2 熔点/℃	−259.20
H_2 沸点/℃	−252.87
H_2 密度/($g\cdot L^{-1}$)	0.0899
H_2 在 0℃ 1L 水中的溶解度/L	0.0214
$E^{\ominus}_{M^+/M_2}$/V	0.00

注：cal 为非法定单位，1cal = 4.1868J；下同。

在整个宇宙中已发现元素的所有原子中，氢原子约占 90%。在地球上，氢原子数占水的 2/3，并且大量存在于生命和有机物质中。如何利用发展“氢经济”以解决人类面临的自然资源枯竭和环境污染等现实问题是当前科学研究的热点。

（二）习题及解答

1-1　在工业上，可通过天然气（甲烷）重整获得氢气。试写出主要过程的化学反应式。

解:

$$CH_4 + H_2O \xrightarrow{750℃, Ni} CO + 3H_2$$

$$CO + H_2O \xrightarrow{Fe, Cu} CO_2 + H_2$$

1-2　什么是水煤气?如何从水煤气中分离出氢气?

解: 碳和水在高温发生反应,得到 CO 和 H_2 的混合气体称为水煤气。

$$C + H_2O \xrightarrow{1000℃} CO + H_2$$

从水煤气中分离出氢气,需要在压力和催化条件下,将水煤气加热至 500℃,使 CO 和水蒸气作用转变成 CO_2。

$$CO + H_2O \longrightarrow CO_2 + H_2$$

然后用高压冷水洗涤气体混合物,溶解除去 CO_2,得到 H_2。

1-3　完成并配平下列反应式

$$H_2 + Cl_2 \xrightarrow{\triangle}$$

$$H_2 + O_2 \xrightarrow{\triangle}$$

$$Li + H_2 \longrightarrow$$

$$Na + H_2 \longrightarrow$$

$$Fe_3O_4 + H_2 \longrightarrow$$

$$WO_3 + H_2 \longrightarrow$$

解:

$$H_2 + Cl_2 \xrightarrow{\triangle} 2HCl$$

$$H_2 + \frac{1}{2}O_2 \xrightarrow{\triangle} H_2O$$

$$2Li + H_2 \longrightarrow 2LiH$$

$$2Na + H_2 \longrightarrow 2NaH$$

$$Fe_3O_4 + 4H_2 \longrightarrow 4H_2O + 3Fe$$

$$WO_3 + 3H_2 \longrightarrow 3H_2O + W$$

1-4　什么是盐型氢化物?周期表中哪些元素易形成这类氢化物?

解: 具有离子化合物特征的氢化物叫做盐型氢化物。这类氢化物熔融后可以导电,可看作是由金属阳离子和负氢离子结合而成。周期表中碱金属和碱土金属元素易形成这类氢化物。

1-5　氢有哪几种同位素?它们在自然界中的丰度是多少?哪一种同位素是放射性的?

解: 已知氢有三种同位素:^1H、^2H(氘或 D)和^3H(氚或 T)。自然界存在的氢中含氘 0.0156%,而氚只有微量,在 10^{-17}数量级。氚具有放射性。

1-6　写出并配平下列过程的化学反应式

(1) 由氯化钯制备金属钯

(2) $PbSO_4$ 与 CaH_2 反应

(3) 铁生锈的主要化学反应

(4) 合成氨的基本化学反应

(5) 由 H_2 和 CO 制备甲醇和甲醇分解制备 H_2

(6) 铝片与强碱作用产生气体

解:(1) $PdCl_2 + H_2 = Pd + 2HCl$

(2) $PbSO_4 + 2CaH_2 = PbS + 2Ca(OH)_2$

(3) $3Fe + 4H_2O = Fe_3O_4 + 4H_2$

(4) $3H_2 + N_2 = 2NH_3$

(5) $CO + 2H_2 = CH_3OH$　　$CH_3OH(g) + H_2O(g) = 3H_2(g) + CO_2(g)$

(6) $2Al + 2NaOH + 6H_2O = 2NaAl(OH)_4 + 3H_2(g)$

1-7　在 755mmHg① 气压和 18℃温度下,需要多少克 $CaH_2(s)$来产生足够的氢气以充满一个 200L 的观测气球?

解:按照理想气体状态方程计算所需氢气的量:

$$n_{H_2} = \frac{pV}{RT} = 755\text{mmHg} \times \frac{101.3\text{kPa}}{760\text{mmHg}} \times \frac{200\text{L}}{8.314\text{kPa}\cdot\text{L}\cdot\text{mol}^{-1}\cdot\text{K}^{-1} \times (18+273)\text{K}}$$

$$= 8.32\text{mol}$$

根据有关反应式:

$$CaH_2 + 2H_2O = Ca(OH)_2 + 2H_2(g)$$

可知,每摩尔 CaH_2 可产生 2mol $H_2(g)$。产生 8.32mol H_2 需要

$$\frac{8.32}{2} = 4.16\text{mol } CaH_2$$

即

$$4.16\text{mol} \times 42\text{g}\cdot\text{mol}^{-1} = 175\text{g}$$

1-8　电解水制备 H_2 为什么通常选用 KOH 做电解液?写出电极反应式。

解:纯水是电的不良导体,所以电解水制备 H_2 时要在水中加入电解质以增大水的导电性。虽然酸、碱、盐都可以使水导电,但酸易腐蚀电解槽,盐会带来副产物,所以一般电解水的操作都选用 15%的 KOH 溶液作电解液,电极反应为

阴极:　$$2K^+ + 2H_2O + 2e = 2KOH + H_2$$

阳极:　$$2OH^- = H_2O + \frac{1}{2}O_2 + 2e$$

---

① mmHg 为非法定单位,1mmHg = 1.333 22×10^2Pa,下同。

1-9 什么是氢键？氢键形成的条件是什么？对化合物的性质有何影响？如何判断氢键的存在？

解:氢键是指含氢化合物分子之间形成的强于一般分子间范德华引力的化学键,典型的氢键具有 H—X…H 的直线型结构,X 是电负性较强并含有孤对电子的元素如 N、O、F 等。因此,H—X 中电正性较强的 H 和另一分子中含有孤对电子的 X 可以以氢键结合。从结构上分析,氢键的形成使分子间距离 X…H 缩小,而 H—X键有一定程度增长。氢键的形成对分子体系的物理性质有较大影响,如熔点和沸点明显提高等,这些结构和物理性质的变化特点也是判断氢键存在的依据。

1-10 水分子之间可以形成氢键,为什么氢分子和氧分子之间不能形成氢键?

解:根据氢键形成的条件和水的结构可知,H_2O 中的两个 H 原子都和电负性很强的 O 原子结合,共价键的电子对明显偏于接近 O,电正性较强的 H 和含有孤对电子的 O 可以形成典型的分子间氢键。H_2 和 O_2 分子各自都是非极性的共价键结合,它们之间只有较弱的分子间引力。

1-11 氢气在何种条件下可以液化?

解:由于 H_2 分子间引力很弱,氢气的液化十分困难。在 1atm① 下,氢气在 20K 液化,在 10K 成为固体,已接近 0K。液态氢和固态氢都是无色的。

1-12 简述氢原子在化合物中的成键类型和特征。

解:氢原子在化合物中的成键方式有三种类型

(1) H 原子与电负性大的元素化合,形成接近离子的极性共价键,如 HF、HCl 等。这类化合物溶于水后,可与水形成带正电的水合氢离子 H_3O^+,因而具有酸性。

(2) H 原子与电负性小的金属元素化合,能接受一个电子形成离子型化合物,如 NaH、CaH_2 等。这类化合物溶于水后,H^- 离子能迅速和水中的 H 结合放出 H_2 并使溶液呈碱性。同时,由于 H^- 具有较强的给电子特征,因而是强还原剂。

(3) H 原子与电负性居中的非金属元素化合时,形成极性小或非极性的共价化合物,如 CH_4、SiH_4、H_2 等。这类化合物一般在水中溶解度较小,分解脱氢过程需要较高能量或有催化剂存在。

1-13 过渡金属的氢化物适于用作储氢材料,试举例分析其原因。

解:储氢材料应满足两个基本条件,第一是本身能够稳定存在;第二是在一定条件下能缓慢释放出氢气。碱金属或碱土金属的氢化物遇水就迅速放出氢气,不稳定。而共价型氢化物需要很高的温度才能分解放出氢气。只有某些过渡金属的氢化物能够在适当的条件下较缓慢地放出氢气,因此适于用作储氢材料。例如:

$$2UH_3 \xlongequal{\quad} 2U + 3H_2$$

---

① atm 为非法定单位,1atm = 1.013 25×10^5Pa,下同。

$$2PdH = 2Pd + H_2$$

$$LaNi_5H_6 = LaNi_5 + 3H_2$$

1-14　假如冰中 H_2O 分子间不是以氢键相连接，而是以氧原子间六方密堆积的形式排列，氢原子镶嵌在堆积的空隙中，问：(1)堆积的四面体空隙被氢原子所占的体积分数是多少？(2)在这种情况下，冰的密度是多少？

解：(1) 六方密堆积的第一层与第二层形成的密置双层结构基元中：

球数∶八面体空隙数∶四面体空隙数＝2∶1∶2

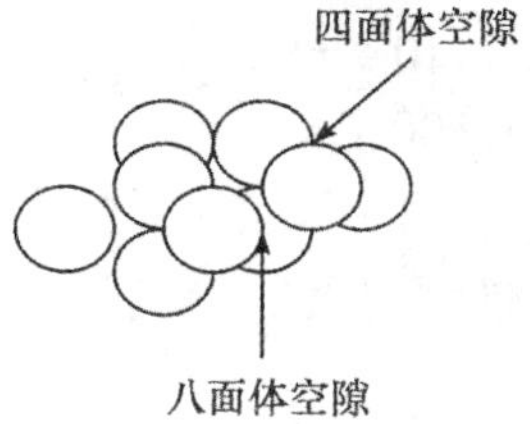

由于第三层重复第一层结构，故第二、三层形成的密置双层结构基元中，也有：

球数∶八面体空隙数∶四面体空隙数＝2∶1∶2

因为每层球都要和其上层和下层形成空隙，所以球数应减半，即在六方密堆积中：

球数∶八面体空隙数∶四面体空隙数＝1∶1∶2

所以若冰中氧原子以六方密堆积，氢原子恰好把所有四面体空隙占据。

(2) 因为立方面心堆积和六方密堆积的空间利用率相同，可利用立方面心堆积中每个晶胞的体积和其中两个氧原子的质量计算假想水的密度。

查得氧原子的半径为 $r = 0.66$Å，每个晶胞由 $8\times(1/8)+6\times(1/2)=4$ 个氧原子组成，其晶胞体积参数如右图所示。

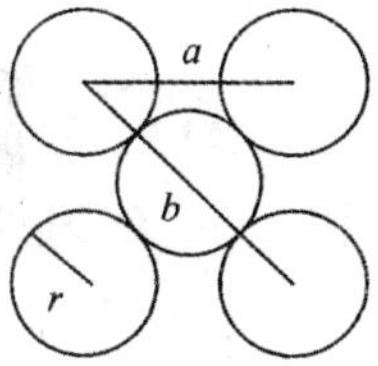

$$b = 4r$$

$$a = b(1/2)^{1/2} = 2(2)^{1/2}r$$

晶胞的体积为

$$V = a^3 = 16\times1.414\times0.66^3 = 6.5(\text{Å})^3$$

密度为

$$\rho = m/V = \frac{4\times18\text{g}\cdot\text{mol}^{-1}}{6.02\times10^{23}\text{mol}^{-1}}\times\frac{1}{6.5\times10^{-8\times3}\text{cm}^3} = 18\text{g}\cdot\text{cm}^{-3}$$

实际水的密度为 $1\text{g}\cdot\text{cm}^{-3}$，可见冰的结构不会是密堆积，而是水分子之间以氢键结合，相同质量下冰体积比水大得多。

1-15　0.500L NaCl(aq)在 1.40A 电流下电解 123s 时，电解液的 pH 为多少？此结果与 NaCl(aq)的浓度有关系吗？

解：电解 NaCl 水溶液的电极反应为

阳极： $2Cl^- - 2e \longrightarrow Cl_2$

阴极： $2H^+ + 2e \longrightarrow H_2$

电解反应： $2NaCl + 2H_2O \xrightarrow{电解} 2NaOH + H_2 + Cl_2$

电解产物 NaOH 的浓度 n_{NaOH}/V 决定溶液的 pH，而 n_{NaOH} 取决于通入溶液的电量 Q，与溶液中的 NaCl 浓度无关。

$$n_{NaOH} = \frac{1.40C \cdot s^{-1} \times 123s}{96\,500C \cdot mol^{-1}} = 1.78 \times 10^{-3}mol$$

$$\frac{n_{NaOH}}{V} = \frac{1.78 \times 10^{-3}mol}{0.500\ L} = 3.56 \times 10^{-3}mol \cdot L^{-1}$$

$$pH = -\lg[H^+] = 14 - [-\lg(3.56 \times 10^{-3})] = 11.55$$

1-16 略述铵盐的热稳定性，它们的分解温度、产物和铵盐中酸根性质间的关系。举例说明。

解：铵盐的热分解是质子转移过程，即 NH_4^+ 和酸根离子之间的酸碱反应，因此反应所需要的活化能低于相应碱金属盐，热分解的温度较低。若酸根没有氧化性，反应产物为 NH_3 和由酸根离子与质子相结合构成的酸。铵盐的酸根离子碱性越强(或其共轭酸越弱)，与酸 NH_4^+ 的反应越容易，该铵盐越不稳定。例如：

$$NH_4Cl(s) \xrightarrow{\triangle} NH_3(g) + HCl(g)$$

若铵盐的酸根有氧化性，热分解的同时发生氧化还原反应，产物是 N_2 或氮的氧化物。

$$NH_4NO_3 \xrightarrow{200\sim260℃} N_2O + 2H_2O$$

1-17 根据 H_2O 和 H_2O_2、H_2S 和 H_2S_2 的电离常数和稳定性推测并比较 NH_3 和 N_2H_4 的碱性和稳定性。查出相应数据，并和推断结果加以比较。

解：
H_2O $K_a = K_w = 10^{-14}$ $\Delta G_f^\ominus = -237.19kJ \cdot mol^{-1}$

H_2O_2 $K_a = 2.4 \times 10^{-12}$ $\Delta G_f^\ominus = -120.4kJ \cdot mol^{-1}$

H_2S $K_{a_1} = 9.1 \times 10^{-8}$

$K_{a_2} = 1.1 \times 10^{-12}$ $\Delta H_f^\ominus = -20.6kJ \cdot mol^{-1}$

H_2S_2 $K_{a_1} = 1.0 \times 10^{-5}$

$K_{a_2} = 1.1 \times 10^{-10}$ $\Delta H_f^\ominus = -17.6kJ \cdot mol^{-1}$

由以上数据可知，H_2O 和 H_2S 的酸性比相应 H_2O_2 和 H_2S_2 弱，稳定性比相应 H_2O_2 和 H_2S_2 强。因此可推测 NH_3 的碱性和稳定性均强于 N_2H_4。

以下是查出的数据：

NH_3 $K_b = 1.77 \times 10^{-5}$ $\Delta G_f^\ominus = -16.5kJ \cdot mol^{-1}$

$$N_2H_4 \quad K_b = 3.0 \times 10^{-6} \qquad \Delta G_f^{\ominus} = 149.2\text{kJ}\cdot\text{mol}^{-1}$$

1-18 将 0.50mL 6.00mol·L^{-1}的 NaOH 溶液加到 0.50mL 0.10mol·L^{-1}的 NH_4NO_3 溶液中，平衡后溶液中 NH_3 的浓度是多少？

解：两种试剂混合后浓度均为原来的 1/2，在碱性很强时，可以认为溶液中基本上没有 NH_4^+ 存在。即所有的 NH_4^+ 都和 OH^- 反应生成了 NH_3。通过以下计算可证实这一点。

设：反应平衡后溶液中的 NH_4^+ 浓度为 x mol·L^{-1}

	$NH_3 + H_2O$	$=\!=\!= NH_4^+$	$+ OH^-$
混合后浓度/(mol·L^{-1})：		0.05	3.00
参与反应浓度/(mol·L^{-1})：	0.050	0.00	2.95
平衡后浓度/(mol·L^{-1})：	$(0.050-x)$	x	$(2.95+x)$

$$K_b = \frac{[NH_4^+][OH^-]}{[NH_3]} = \frac{x(2.95+x)}{(0.050-x)} \approx \frac{x(2.95)}{0.050} = 1.74 \times 10^{-5}$$

$$x = 2.9 \times 10^{-7}(\text{mol}\cdot\text{L}^{-1})$$

由此可见，假设 $x \ll 0.050$mol·L^{-1}是合理的。即

$$[NH_3] = 0.050(\text{mol}\cdot\text{L}^{-1})$$

1-19 某硼氢化合物，在 25℃，0.500 atm 下的密度是 0.57g·L^{-1}。问此化合物的相对分子质量是多少？写出它的化学式。

解：

$$T = (25+273) \times 1\text{K}/℃ = 298(\text{K})$$

$$p = 0.500 \times 101 = 50.5(\text{kPa})$$

$$\rho = W/V = 0.57\text{g}\cdot\text{L}^{-1}$$

根据理想气体状态方程

$$p = \frac{nRT}{V} = \frac{W}{MV}RT$$

$$p = \rho RT/M$$

$$M = \rho RT/p = \frac{0.57\text{g}}{1\text{L}} \times \frac{298\text{K}}{50.5\text{kPa}} \times \frac{8.31\text{kPa}\times 1\text{L}}{1\text{mol}\times 1\text{K}} = 28.0\text{g}\cdot\text{mol}^{-1}$$

设化合物的化学式为 B_nH_{n+4}，则

$$10.8n + 1.01(n+4) = 28.0$$

$$n = \frac{28.0 - 4.04}{10.8 + 1.01} = 2.03 \approx 2$$

所以这个硼氢化合物的化学式为 B_2H_6。

1-20 有一硅的氢化物样品重 0.0751g，它在 21℃、512mmHg 压力下的体积为 43.3cm^3。计算此氢化物的相对分子质量，并写出它的化学式。

解：氢化物的相对分子质量为

$$M=\frac{wRT}{pV}=\frac{0.0751\mathrm{g}\times62.4\mathrm{mmHg\cdot L\cdot mol^{-1}K^{-1}}\times294\mathrm{K}}{512\mathrm{mmHg}\times43.3\mathrm{mL}\times10^{-3}\mathrm{L\cdot mL^{-1}}}=62.1\mathrm{g\cdot mol^{-1}}$$

根据硅氢化物的通式 Si_nH_{2n+2}有

$$28.08n+2n+2=62.1$$

$$n=\frac{62.01-2}{28.08+2}\approx2$$

化学式为 Si_2H_6。

1-21　如何判别酸式盐溶液的酸碱性？计算 0.10mol·L^{-1} $NaHCO_3$ 溶液的 pH。

解:对酸式盐溶液如 HA^-,在水溶液中可以有以下两种平衡

酸式电离:　$HA^-(aq)=\!=\!=H^+(aq)+A^{2-}(aq)$　　$K_1=K_{a_2}$

碱式电离:　$HA^-(aq)+H_2O=\!=\!=H_2A(aq)+OH^-(aq)$　　$K_2=K_w/K_{a_1}$

若 $K_1>K_2$,溶液显酸性;若 $K_2>K_1$,溶液显碱性。

0.10mol·L^{-1} $NaHCO_3$ 溶液的 pH 可根据质子平衡计算,即溶液中得到质子的物质的量等于失去质子的物质的量

$$[H^+]+[H_2CO_3]=\!=\!=[CO_3^{2-}]+[OH^-]$$

$$[H^+]+\frac{[H^+][HCO_3^-]}{K_1}=\frac{K_2[HCO_3^-]}{[H^+]}+\frac{K_w}{[H^+]}$$

$$[H^+]=\left[\frac{K_1(K_2[HCO_3^-]+K_w)}{[HCO_3^-]+K_1}\right]^{\frac{1}{2}}$$

因为 $K_1=4.30\times10^{-7}$, $K_2=5.61\times10^{-11}$, $K_w=1.00\times10^{-14}$; $[HCO_3^-]\approx0.10$ mol·L^{-1}。所以

$$[HCO_3^-]+K_1\approx[HCO_3^-]$$

$$[H^+]\approx\left[\frac{K_1K_2[HCO_3^-]}{[HCO_3^-]}\right]^{\frac{1}{2}}=(K_1K_2)^{\frac{1}{2}}$$

$$=(4.30\times10^{-7}\times5.61\times10^{-11})^{\frac{1}{2}}$$

$$=4.91\times10^{-9}(\mathrm{mol\cdot L^{-1}})$$

$$\mathrm{pH}=-\lg[H^+]=8.31$$

1-22　计算 0.10mol·L^{-1} NH_4HCO_3 溶液的 pH。

解:溶液中得到质子的物质的量等于失去质子的物质的量。

$$[H^+]+[H_2CO_3]=[NH_3]+[CO_3^{2-}]+[OH^-]$$

$$[H^+]+\frac{[H^+][HCO_3^-]}{K_1}=\frac{K_{a(NH_4^+)}[NH_4^+]}{[H^+]}+\frac{K_2[HCO_3^-]}{[H^+]}+\frac{K_w}{[H^+]}$$

$$[H^+]=\left[\frac{K_1(K_{a(NH_4^+)}[NH_4^+]+K_2[HCO_3^-]+K_w)}{[HCO_3^-]+K_1}\right]^{\frac{1}{2}}$$

因为

$$K_{a(NH_4^+)}=5.64\times10^{-10}\quad K_1=4.30\times10^{-7}$$

$$K_2=5.61\times10^{-11}\quad K_w=10^{-14}$$

$$[HCO_3^-]\approx[NH_4^+]\approx0.10mol\cdot L^{-1}$$

所以

$$[HCO_3^-]+K_1\approx[HCO_3^-]$$

$$K_{a(NH_4^+)}[NH_4^+]+K_2[HCO_3^-]+K_w\approx K_{a(NH_4^+)}[HCO_3^-]+K_2[HCO_3^-]$$

$$[H^+]=[K_1(K_{a(NH_4^+)}+K_2)]^{1/2}=[4.30\times10^{-7}\times(5.64+0.56)\times10^{-10}]^{1/2}$$

$$=1.63\times10^{-8}(mol\cdot L^{-1})$$

$$pH=7.79$$

1-23　(1) 计算 $0.10mol\cdot L^{-1}$ KH_2PO_4、K_2HPO_4、K_3PO_4 溶液的 pH。(2) 计算KH_2PO_4 和等体积、等物质的量浓度 K_2HPO_4 混合溶液的 pH。(3) 计算 K_2HPO_4 和等体积、等物质的量浓度 K_3PO_4 混合溶液的 pH。(4) 计算 K_2HPO_4 和等体积、等物质的量浓度 K_3PO_4 混合溶液的 pH。

解:(1) $0.10mol\cdot L^{-1}$ KH_2PO_4,K_2HPO_4,K_3PO_4 溶液的 pH。

1) $0.10mol\cdot L^{-1}$ KH_2PO_4 的 pH

溶液中得到质子物质与失去质子物质的总物质的量相等,除以体积参数即为浓度相等

$$[H^+]+[H_3PO_4]=[HPO_4^{2-}]+[OH^-]$$

$$[H^+]+\frac{[H^+][H_2PO_4^-]}{K_1}=\frac{K_2[H_2PO_4^-]}{[H^+]}+\frac{K_w}{[H^+]}$$

$$[H^+]=\left[\frac{K_1(K_2[H_2PO_4^-]+K_w)}{[H_2PO_4^-]+K_1}\right]^{\frac{1}{2}}$$

因为

$$[H_2PO_4^-]\gg K_1,K_2[H_2PO_4^-]\gg K_w$$

所以

$$[H_2PO_4^-]+K_1\approx[H_2PO_4^-]$$

$$K_2[H_2PO_4^-]+K_w\approx K_2[H_2PO_4^-]$$

$$[H^+]\approx(K_1K_2)^{1/2}$$

H_3PO_4 的酸电离常数为 $K_1=7.6\times10^{-3}$,$K_2=6.3\times10^{-8}K_3=4.4\times10^{-13}$代

入上式得

$$[H^+] \approx (K_1K_2)^{1/2} = (7.6\times10^{-3}\times6.3\times10^{-8})^{1/2} = 2.2\times10^{-5}(\text{mol}\cdot\text{L}^{-1})$$

$$pH = -\lg[H^+] = 4.66$$

2) $0.10\text{mol}\cdot\text{L}^{-1}$ K_2HPO_4 的 pH

由溶液中得到质子物质与失去质子物质的总物质的量相等的条件可得

$$[H^+] + 2[H_3PO_4] + [H_2PO_4^-] = [PO_4^{3-}] + [OH^-]$$

$$[H^+] + 2\frac{[H^+][H_2PO_4^-]}{K_1} + \frac{[H^+][HPO_4^{2-}]}{K_2} = \frac{K_3[HPO_4^{2-}]}{[H^+]} + \frac{K_w}{[H^+]}$$

$$[H^+] = \left[\frac{K_1K_2K_3([HPO_4^{2-}] + K_w)}{[H_2PO_4^-]K_1 + 2[H_2PO_4^-]K_2 + K_1K_2}\right]^{\frac{1}{2}}$$

因为

$$[HPO_4^{2-}] \gg K_w; [HPO_4^{2-}]K_1 \gg 2[H_2PO_4^-]K_2; [HPO_4^{2-}] \gg K_2$$

所以

$$[HPO_4^{2-}]K_1 + 2[H_2PO_4^-]K_2 + K_1K_2 \approx [HPO_4^{2-}]K_1$$

$$K_1K_2K_3([HPO_4^{2-}] + K_w) \approx K_1K_2K_3[HPO_4^{2-}]$$

代入上式,得

$$[H^+] \approx (K_2K_3)^{1/2} = (4.4\times10^{-13}\times6.3\times10^{-8})^{1/2} = 1.7\times10^{-10}(\text{mol}\cdot\text{L}^{-1})$$

$$pH = 9.77$$

3) $0.10\text{mol}\cdot\text{L}^{-1}$ K_3PO_4 的 pH

由溶液中得到质子物质与失去质子物质的总物质的量相等的条件可得

$$[H^+] + 2[H_2PO_4^-] + [HPO_4^{2-}] = [OH^-]$$

$$[H^+] + 2\frac{[H^+][HPO_4^{2-}]}{K_2} + \frac{[H^+][PO_4^{3-}]}{K_3} = \frac{K_w}{[H^+]}$$

因为溶液呈碱性,用$[OH^-]$表示上式为

$$\frac{K_w}{[OH^-]} + 2\frac{K_w[HPO_4^{2-}]}{[OH^-]K_2} + \frac{K_w[PO_4^{3-}]}{[OH^-]K_3} = [OH^-]$$

设:$[OH^-] = x$,根据以下平衡

$$PO_4^{3-} + H_2O \rightleftharpoons HPO_4^{2-} + OH^-$$

平衡浓度 $(0.10 - x)$ x x

$$\frac{K_2K_3}{K_w}x^2 = -(K_2 - K_3)x + K_2(0.10 + K_3)$$

$$\approx -K_2x + 0.10K_2$$

$$\frac{K_3}{K_w}x^2 + x - 0.10 = 0$$

$$x=[OH^-]=\frac{-1+\left(1+4\times0.10\times\dfrac{4.4\times10^{-13}}{10^{-14}}\right)^{\frac{1}{2}}}{2\times\dfrac{4.4\times10^{-13}}{10^{-14}}}$$

$$=3.76\times10^{-2}(mol\cdot L^{-1})$$

$$pH=14-1.43=12.57$$

(2) KH_2PO_4 和等体积、等物质的量浓度 K_2HPO_4 混合溶液的 pH。

$$H_2PO_4^- \rightleftharpoons HPO_4^{2-}+H^+ \qquad K=K_2=6.3\times10^{-8}$$

$$c \qquad\qquad c \qquad x$$

$$\frac{xc}{c}=K_2$$

$$[H^+]=x=K_2=6.3\times10^{-8}(mol\cdot L^{-1})$$

$$pH=7.20$$

(3) K_2HPO_4 和等体积、等物质的量浓度 K_3PO_4 混合溶液的 pH。

$$HPO_4^{2-} \rightleftharpoons PO_4^{3-}+H^+ \qquad K=K_3=4.4\times10^{-13}$$

$$c \qquad\qquad c \qquad x$$

$$\frac{xc}{c}=K_3$$

$$[H^+]=x=K_3=4.4\times10^{-13}(mol\cdot L^{-1})$$

$$pH=12.63$$

(4) KH_2PO_4 和等体积、等物质的量浓度 K_3PO_4 混合溶液的 pH。

$$H_2PO_4^- \rightleftharpoons HPO_4^{2-}+H^+ \qquad K=K_2=6.3\times10^{-8}$$

$$+)\ HPO_4^{2-} \rightleftharpoons PO_4^{3-}+H^+ \qquad K=K_3=4.4\times10^{-13}$$

$$H_2PO_4^- \rightleftharpoons 2H^++PO_4^{3-} \qquad K=K_2K_3$$

$$c \qquad\qquad x \qquad c$$

$$\frac{x^2c}{c}=K_2K_3$$

$$[H^+]=x=(K_2K_3)^{1/2}=(6.3\times10^{-8}\times4.4\times10^{-13})^{1/2}$$

$$=1.7\times10^{-10}(mol\cdot L^{-1})$$

$$pH=9.77$$

1-24 (1)为什么不活泼的银能从 HI 中置换出 H_2？(2)铜能否从浓盐酸中置换出 H_2？

解:(1) $2H^++2e \rightleftharpoons H_2 \qquad E^\ominus_{H^+/H_2}=0.00V \quad \Delta G_1^\ominus=-2FE^\ominus_{H^+/H_2}=0.00kJ\cdot mol^{-1}$

$$2Ag^+ + 2e \longrightarrow 2Ag(s) \quad E^\ominus_{Ag^+/Ag} = 0.80V \quad \Delta G_2^\ominus = -2FE^\ominus_{Ag^+/Ag}$$
$$2AgI(s) \longrightarrow 2Ag^+ + 2I^- \quad K_{sp} = 8.5\times10^{-17} \quad \Delta G_3^\ominus = -2.30RT\lg(K_{sp})^2$$

$$2Ag(s) + 2H^+ + 2I^- \longrightarrow 2AgI(s) + H_2$$
$$\Delta G^\ominus = \Delta G_1^\ominus - \Delta G_2^\ominus - \Delta G_3^\ominus = 2FE^\ominus_{Ag^+/Ag} + 2.30RT\lg(K_{sp})^2$$
$$= 2\times96.5\times0.80 + 2.30\times8.31\times298\times10^{-3}\lg(8.5\times10^{-17})^2$$
$$= -29(kJ\cdot mol^{-1}) < 0$$

反应可自发进行。

或

$$2AgI(s) + 2e \longrightarrow 2Ag(s) + 2I^- \quad E^\ominus_{AgI/Ag}$$
$$2Ag^+ + 2e \longrightarrow 2Ag(s) \quad E^\ominus_{Ag^+/Ag} = 0.80V$$

$$2AgI(s) \longrightarrow 2Ag^+ + 2I^- \quad K_{sp} = 8.5\times10^{-17}$$
$$E^\ominus_{电池} = E^\ominus_{AgI/Ag}$$
$$E^\ominus_{Ag^+/Ag} = \frac{0.059}{2}\lg K_{sp}^2$$
$$E^\ominus_{AgI/Ag} = E^\ominus_{Ag^+/Ag} - \frac{0.059}{2}\lg K_{sp}^2 = 0.80 + (-0.95) = -0.15(V)$$

$$2H^+ + 2e \longrightarrow H_2 \quad E^\ominus_{H^+/H_2} = 0.00V$$
$$-)\ 2AgI(s) + 2e \longrightarrow 2Ag(s) + 2I^- \quad E^\ominus_{AgI/Ag} = -0.15V$$

$$2Ag(s) + 2H^+ + 2I^- \longrightarrow 2AgI(s) + H_2$$
$$E^\ominus_{电池} = E^\ominus_{H^+/H_2} - E^\ominus_{AgI/Ag} = 0.00 - (-0.15) = 0.15(V) > 0$$

反应可以自发进行。

(2)

$$CuCl(s) + e \longrightarrow Cu(s) + Cl^-$$
$$+)\ [CuCl_3]^{2-} + e \longrightarrow Cu(s) + 3Cl^-$$

$$CuCl(s) + [CuCl_3]^{2-} + 2e \longrightarrow 2Cu(s) + 4Cl^-$$
$$-)\ 2Cu^+ + 2e \longrightarrow 2Cu(s) \quad E^\ominus_{Cu^+/Cu} = 0.522V$$

$$CuCl(s) + [CuCl_3]^{2-} \longrightarrow 2Cu^+ + 4Cl^- \quad K = K_{sp}/K_{稳} = K_{sp}/\beta_3$$
$$K = \frac{2\times10^{-6}}{2\times10^5}$$
$$E^\ominus_{电池} = E_1^\ominus - E^\ominus_{Cu^+/Cu} = 0.059\lg K$$

$$E_1^{\ominus}=E_{Cu^+/Cu}^{\ominus}+0.059\lg K$$

$$=0.552+0.059\lg\frac{2\times10^{-6}}{2\times10^{5}}=-0.097(V)$$

$$2H^++2e = H_2 \qquad E_{H^+/H_2}^{\ominus}=0.00V$$

$$-)\quad CuCl(s)+[CuCl_3]^{2-}+2e = 2Cu(s)+4Cl^- \qquad E_1^{\ominus}=-0.097V$$

$$2Cu(s)+4HCl = H_2+CuCl(s)+H_2CuCl_3$$

$$E_{电池}^{\ominus}=E_{H^+/H_2}^{\ominus}-E_1^{\ominus}=0.00-(-0.097)=0.097(V)>0$$

反应可以自发进行。

第二章 碱 金 属

(一) 概 述

碱金属元素(alkali metal)组成周期表第Ⅰ(A)族,成员包括锂、钠、钾、铷、铯、钫。原子序数为 87 的钫(^{223}Fr)是半衰期仅为 21min 的放射性元素,属于天然放射系中的锕铀系,有关它的定量数据很少。碱金属锂、钠、钾、铷、铯的一些重要性质列于表 2.1。

表 2.1 碱金属的一些重要性质

元素	Li	Na	K	Rb	Cs
原子序数	3	11	19	37	55
电子构型	$[He]2s^1$	$[Ne]3s^1$	$[Ar]4s^1$	$[Kr]5s^1$	$[Xe]6s^1$
原子半径/Å	1.52	1.86	2.27	2.48	2.65
气态原子化 $\Delta H^\ominus/(kJ \cdot mol^{-1})$	161	108	90	82	78
熔点/℃	180	98	64	39	29
沸点/℃	1326	883	756	688	690
密度/$(g \cdot cm^{-3})$	0.53	0.97	0.86	1.53	1.90
Moh 硬度	0.6	0.4	0.5	0.3	0.2
第一电离能/$(kJ \cdot mol^{-1})$	520	520	419	403	375
第二电离能/$(kJ \cdot mol^{-1})$	7297	4561	3069	2650	2420
离子半径/Å	0.74	1.02	1.38	1.49	1.70
M^+离子水化 $\Delta H^\ominus/(kJ \cdot mol^{-1})$	−544	−435	−352	−326	−293
M^+离子水化 $\Delta S^\ominus/(J \cdot mol^{-1} \cdot K^{-1})$	−134	−100	−67	−54	−50
M^+离子水化 $\Delta G^\ominus/(kJ \cdot mol^{-1})$	−506	−406	−330	−310	−276
$E^\ominus_{M^+/M}$/V	−3.04	−2.71	−2.92	−2.99	−3.02

碱金属原子核最外层只有一个 s 价电子,随着原子序数增加,原子内层电子对外层电子的屏蔽作用增强,原子核对外层电子的吸引力减弱。这一趋势导致以下结果:首先,从锂到铯,原子半径依次增大,金属原子间相互成键的能力依次减弱,升华为气态原子所需能量依次减少,宏观表现为金属的熔点和沸点依次减小。第二,从锂到铯,电离能依次减小,离子的半径依次增大,离子与水化合所放出的能量依次减少。由于原子升华能(正值)、电离能(正值)、和水合能(负值)的综合效果,

碱金属水合离子的标准电极电势十分接近。第三,碱金属原子的第二电离能远大于第一电离能,所以在与非金属形成的化合物中均以正一价离子 M^+ 出现。第四,原子和离子半径最小的锂与其他碱金属的物理化学性质差别较大,而和碱土金属镁较为相似。

钠和钾都是丰度很高的元素,主要来自岩盐和海水中的 NaCl,钾石盐中的 KCl 和 NaCl,光卤石中的 $KMgCl_3 \cdot 6H_2O$。水中溶解度较大的 NaCl 可通过蒸发海水得到。常温下溶解度较小的 KCl 可通过分步结晶与 NaCl 分离。

锂、铷和铯主要存在于各种硅酸盐矿物中,锂辉石和定量的氯化钙共热可提取锂。

氯化钠是制备其他钠盐的原料。钾盐是植物生长必需的养料。在高等动物体内,钠离子和钾离子的比例具有重要的生理功能。有研究表明,碳酸锂对狂躁抑郁症有治疗作用,但大剂量的锂盐损害中枢神经系统。

锂是最轻的金属,以锂化合物为电极材料的锂离子充电电池,以高能量密度、轻便、寿命长等优点成为近年来重要的便携式能源。

(二) 习题及解答

2-1　完成并配平下列反应式

$$Li + N_2 \longrightarrow$$

$$Li + O_2 \longrightarrow$$

$$Na + O_2 \longrightarrow$$

解:

$$6Li + N_2 \longrightarrow 2Li_3N$$

$$4Li + O_2 \longrightarrow 2Li_2O$$

$$2Na + O_2 \longrightarrow Na_2O_2$$

2-2　写出并配平下列过程的反应式

(1) 由 NaCl 制备 NaOH

(2) 由 NaCl 制备单质 Na

(3) 由 Cs_2CO_3 制备单质 Cs

解:(1) $2NaCl + 2H_2O \xrightarrow{\text{电解}} 2NaOH + H_2(g) + Cl_2(g)$

(2) $2NaCl(s) \xrightarrow{\text{电解}} 2Na + Cl_2(g)$

(3) $Cs_2CO_3 + 2C \longrightarrow 2Cs + 3CO$

2-3　用化学反应方程式表示下列各物质间的转换:

$$Li \rightarrow LiH \rightarrow Li_3N \rightarrow LiOH \rightarrow Li_2O \rightarrow LiCO_3 \rightarrow LiF$$

解:

$$2Li + H_2 \xrightarrow{\triangle} 2LiH$$

$$3LiH + N_2 \xrightarrow{\triangle} Li_3N + NH_3(g)$$
$$Li_3N + 3H_2O \longrightarrow 3LiOH + NH_3(g)$$
$$2LiOH \xrightarrow{\triangle} Li_2O + H_2O$$
$$Li_2O + Na_2CO_3 + H_2O \longrightarrow Li_2CO_3 + 2NaOH$$
$$Li_2CO_3 + 2HF \longrightarrow 2LiF + CO_2 + H_2O$$

2-4 用化学反应方程式表示下列各物质间的转换:

$$NaCl \rightarrow Na \rightarrow NaNH_2 \rightarrow NaCN \rightarrow Na_4[Fe(CN)_6]$$

解:

$$2NaCl\ (\text{熔融}) \xrightarrow{\text{电解}} 2Na + Cl_2$$
$$2Na + 2NH_3(\text{液态}) \longrightarrow 2NaNH_2 + H_2$$
$$2NaNH_2 + C \xrightarrow{873K} Na_2CN_2 + 2H_2$$
$$Na_2CN_2 + C \xrightarrow{1073K} 2NaCN$$
$$6NaCN + FeSO_4 \longrightarrow Na_4[Fe(CN)_6] + Na_2SO_4$$

2-5 金属钠是强还原剂,试写出它与下列物质反应的方程式:H_2O,NH_3,C_2H_5OH,Na_2O_2,$NaOH$,$NaNO_2$,MgO,$TiCl_4$,$HCl(g)$,KCl。

解:

$$2Na + 2H_2O \longrightarrow 2NaOH + H_2$$
$$2Na + 2NH_3 \longrightarrow 2NaNH_2 + H_2$$
$$2Na + 2C_2H_5OH \longrightarrow 2C_2H_5ONa + H_2$$
$$2Na + Na_2O_2 \longrightarrow 2Na_2O$$
$$2Na + 2NaOH \longrightarrow 2Na_2O + H_2$$
$$6Na + 2NaNO_2 \longrightarrow N_2 + 4Na_2O$$
$$2Na + MgO \xrightarrow{\triangle} Na_2O + Mg$$
$$4Na + TiCl_4 \xrightarrow{\triangle} 4NaCl + Ti$$
$$2Na + 2HCl(g) \longrightarrow 2NaCl + H_2$$
$$Na + KCl \xrightarrow{>1047K} NaCl + K$$

2-6 写出过氧化钠和以下物质作用的反应式:CO_2,H_2O,H_2SO_4(稀),$NaCrO_2$,MnO_2。

解:

$$2Na_2O_2 + 2CO_2 \longrightarrow 2Na_2CO_3 + O_2$$
$$Na_2O_2 + 2H_2O \longrightarrow H_2O_2 + 2NaOH$$
$$Na_2O_2 + H_2SO_4(\text{稀}) \longrightarrow Na_2SO_4 + H_2O_2$$
$$3Na_2O_2 + 2NaCrO_2 + 2H_2O \longrightarrow 2Na_2CrO_4 + 4NaOH$$

$$Na_2O_2 + MnO_2 \xrightarrow{\text{熔融}} Na_2MnO_4$$

2-7　碱金属单质在空气中燃烧得到何种氧化物，它们中通常可作为供氧剂的是哪些？

解：碱金属单质在空气中燃烧分别得到 LiO、Na_2O_2、KO_2、RbO_2 和 Cs_2O_2。通常作为供氧剂的是 Na_2O_2 和 KO_2。

2-8　碱金属氧化物中过氧化钠、超氧化钾、臭氧化钾分别是什么颜色？这三个氧化物与水作用时，放出氧气最多的是哪个？产物中没有过氧化氢生成的又是哪个？

解：Na_2O_2、KO_2、KO_3 的颜色分别是黄色、红色和橘红色。它们与水作用时，放出氧气最多的是 KO_3，产物中无过氧化氢生成的也是 KO_3。

2-9　KCl 和 $NaNO_3$ 的等物质的量的混合物溶液分步结晶能得到什么？

解：在混合物溶液中 KCl 和 $NaNO_3$ 以四种离子存在，分步结晶能得到溶解度随温度变化大的 KNO_3 和溶解度随温度变化很小的 NaCl。

2-10　(1)金属钠可由熔融氯化钠电解制备，而金属钾一般不能用此法制得。(2)金属钠的标准还原电极电势高于金属钾的标准还原电极电势，说明金属钠的还原性低于金属钾，而金属钾可用氯化钾在高温下被金属钠还原而制得，为什么？

解：(1) 金属钾的沸点(1047K)比金属钠的沸点(1155.9K)低。在高温时，钾的挥发性易使钾蒸气从熔融盐中冲出引起危险。与钠相比，金属钾更易溶于熔融的氯化物，难于和熔融盐分离。另外，钾在电解槽中可以形成超氧化钾，并和金属钾作用生成氧气而发生爆炸。所以钾不能用电解熔融氯化钾而制得。

(2) 在常温水溶液中的氧化还原反应可利用电极电势 $E^{\ominus}$ 来判断反应方向。而在高温条件下，不能用标准状态下的 $E^{\ominus}$ 值的大小来判断反应方向。利用钾的沸点比钠低因而更易挥发的特点，控制温度在 1047～1155.9K 的范围内，可采取分馏的方法，使产物钾挥发，促使反应 $KCl + Na = NaCl + K$ 向右进行，制备出金属钾。

2-11　如何从碱金属的混合物中制备铷和铯的氯化物？

解：铷和铯的氯铂酸盐 M_2PtCl_6 和氯锡酸盐 M_2SnCl_6 在水溶液中溶解度小，利用这一特性可以把它们从碱金属混合物中分离出来。以氯锡酸盐为例，先用盐酸将碱金属混合物转变为氯化物，然后向溶液中加入 $SnCl_4$，保持溶液为酸性，便可得到铷和铯的氯锡酸盐沉淀。将分离出来的沉淀加热，铷和铯的氯锡酸盐分解为易挥发的 $SnCl_4$ 和难挥发的 RbCl 和 CsCl。

2-12　解释以下观察到的现象。

(1) 在外加电场的作用下，碱金属离子在水溶液中的迁移速率为

$$Li^+ < Na^+ < K^+ < Rb^+ < Cs^+$$

(2) 碱金属中只有锂可以形成稳定的氮化物。

(3) 硫酸钠在水中的溶解度在 32℃以下随温度上升而增加,在 32℃以上随温度上升而减少。

(4) 钠和钾的硝酸盐受热分解后的产物是亚硝酸盐;而锂的硝酸盐受热分解后得到氧化物。

解:(1) 离子在水溶液中的迁移速率由水合离子的半径决定。半径小、电荷大的离子,水合作用的趋势就大。对于碱金属而言,水合作用的趋势为 $Li^+ > Na^+ > K^+ > Rb^+ > Cs^+$。$Li^+$ 的水合性最强,携带了较多的水分子,因而走得最慢,所以迁移速率为 $Li^+ < Na^+ < K^+ < Rb^+ < Cs^+$。

(2) 形成稳定的氮化物是碱土金属不同于碱金属的反应。碱金属中的锂和碱土金属中的镁相似,因此也有这样的反应。

(3) 离子型化合物的溶解过程的能量变化,可以用克服离子晶格能变成气态离子和气态离子水化过程的能量变化来代替。

$$MX(s) = M^+(g) + X^-(g) \qquad \Delta G_L^\ominus$$

$$M^+(g) + X^-(g) = M^+(aq) + X^-(aq) \qquad \Delta G_H^\ominus$$

$$MX(s) = M^+(aq) + X^-(aq) \qquad \Delta G_S^\ominus$$

$$\Delta G_S^\ominus = \Delta G_L^\ominus + \Delta G_H^\ominus$$

$$\Delta G_L^\ominus = \Delta H_L^\ominus - T\Delta S_L^\ominus$$

破坏晶格需要吸热,$\Delta H_L^\ominus > 0$,有序变无序,$\Delta S_L^\ominus > 0$,随温度升高,$\Delta G_L^\ominus$ 减小,有利于溶解。

$$\Delta G_H^\ominus = \Delta H_H^\ominus - T\Delta S_H^\ominus$$

水化放出热量,$\Delta H_H^\ominus < 0$,无序变有序,$\Delta S_H^\ominus < 0$,随温度升高,$\Delta G_H^\ominus$ 增大,不利于溶解。

对于 Na_2SO_4 固体,表现为溶解度随温度的变化曲线在 32℃有一个顶点。

(4) 硝酸盐的热分解产物和阳离子的性质有关。钠和钾的性质相似。硝酸钠和硝酸钾的分解产物中均有亚硝酸盐;而锂和镁性质相似,硝酸锂和硝酸镁的分解产物中均有氧化物。

2-13 钠和钾的存在通常用焰色反应来鉴定。在焰色反应中可观察到化合物分解后的原子发射光谱。钾呈现紫色,钠呈现黄色。但钠的黄色比钾的紫色灵敏度大得多,应如何解释?

解:按照光的量子理论,$\Delta E = h\nu$,钾发出的紫色光比钠发出的黄色光频率(ν)高,说明钾原子基态和第一激发态的能级差 ΔE 比钠的相应 ΔE 大。在一定的焰色反应条件下,被激发到高能级的钾原子比钠少得多,所以同样含量的钠发出的黄色光比钾的紫色光强度高得多。

2-14 请回答下列问题:

(1) 加热碘化锂和氟化钠的混合水溶液会得到什么产物?

(2) 用金属氟化物置换有机化合物中氯的反应为

$$\gt C{-}Cl + MF \longrightarrow \gt C{-}F + MCl$$

为什么用氟化钾比用氟化钠好?

(3) 以下反应可被用来在有生命的宇宙飞船中再生氧气,讨论如何选择金属超氧化物 MO_2。

$$4MO_2(s) + 2CO_2 = 2M_2CO_3(s) + 3O_2$$

解:(1) 应得到在水中溶解度小的氟化锂。

(2) 在这个置换反应中,M^+F^- 离子键越弱,越有利于反应进行。由于 K^+ 半径大于 Na^+,所以 KF 和 NaF 相比离子键弱一些,更有利于置换反应进行。

(3) 这个反应可通过以下步骤进行:

① $$4MO_2 = 2M_2O + 3O_2$$

② $$2M_2O + 2CO_2 = 2M_2CO_3$$

碱金属超氧化物和氧化物都可看成典型的离子化合物。它们的晶格能分别和正、负离子的半径之和成反比,即

$$E_{晶格} \propto \frac{1}{r_+ + r_-}$$

因为 O^{2-} 离子半径比 O_2^- 离子半径大,所有碱金属氧化物的晶格能都比其他其相应超氧化物的大。随原子序数增加,碱金属离子半径增大,碱金属氧化物和相应超氧化物之间晶格能的差别依次减小,反应①由极易发生变成不易发生。对于锂,不存在超氧化物。超氧化钠也不易形成。只有超氧化钾能稳定存在并易于发生反应①。至于反应②,虽然随碱金属原子序数增加碳酸盐稳定性增大,但影响较小。所以 KO_2 应是较好的选择。

2-15 根据碱金属的第一电离能及标准电极电势回答以下问题:

(1) 为什么锂的电离能最大,而标准电极电势最小?

(2) $E^\ominus_{Li^+/Li}$值小,能否说明 Li 和 H_2O 反应最剧烈?

解:(1) 电离能是基态气体原子失去最外层电子成为气态离子所需的能量,而电极反应是金属单质失去电子成为水合离子的过程。由表 2.1 中离子水合自由能的数据可知,锂离子水合过程放出的能量较高,补偿了电离所需能量,所以其标准电势最小,表明电离成水合离子的趋势最大。

(2) $E^\ominus_{Li^+/Li}$值的大小,只能说明反应达到平衡后的进行程度,至于反应是否剧烈,取决于反应的速度,属于动力学范畴,同热力学平衡问题无关。

2-16 计算下列反应在 $p_{CO_2} = 1atm$ 时的分解温度

$$2NaHCO_3(s) = Na_2CO_3(s) + CO_2(g) + H_2O(g)$$

解:由于各反应物均处于标准状态,可由各物质的标准生成焓和绝对熵值计算分解反应达平衡时的温度

$$\Delta H^\ominus = \Delta H^\ominus_{f(CO_2,g)} + \Delta H^\ominus_{f(H_2O,g)} + \Delta H^\ominus_{f(Na_2CO_3,s)} - 2\Delta H^\ominus_{f(NaHCO_3,s)}$$

$$= -394 + (-242) + (-1131) - 2\times(-948)$$

$$= 129(kJ\cdot mol^{-1})$$

$$\Delta S^\ominus = \Delta S^\ominus_{f(CO_2,g)} + \Delta S^\ominus_{f(H_2O,g)} + \Delta S^\ominus_{f(Na_2CO_3,s)} - 2\Delta S^\ominus_{f(NaHCO_3,s)}$$

$$= 214 + 189 + 136 - 102\times 2$$

$$= 335(J\cdot mol^{-1}\cdot K^{-1})$$

因为平衡时 $\Delta G^\ominus = \Delta H^\ominus - T\Delta S^\ominus = 0$,所以

$$T = \frac{\Delta H^\ominus}{\Delta S^\ominus} = \frac{129\ 000J\cdot mol^{-1}}{335J\cdot mol^{-1}\cdot K^{-1}} = 385K$$

即 112℃。

2-17 锂盐的哪些性质和其他碱金属盐有显著的区别?

解:锂盐在以下三个方面与其他碱金属盐明显不同:

(1) 溶解度。LiF, Li_2CO_3, Li_3PO_4 微溶于水,而其他碱金属的这些盐易溶于水。

(2) 水解性。$LiCl\cdot H_2O$ 晶体在受热时发生水解生成 LiOH,其他碱金属基本不水解。如 NaCl 要在高温 900℃才水解。

(3) 热稳定性。含氧酸盐如 Li_2CO_3 在 1000℃时明显分解为 Li_2O 和 CO_2,其他碱金属含氧酸盐则有很高的热稳定性。

2-18 欲标定一份 HCl 溶液的浓度,准确称取 0.2045g Na_2CO_3,溶于水,以甲基橙为指示剂,用 HCl 溶液滴定到终点,消耗了 HCl 溶液 39.42mL,求该 HCl 溶液的浓度为多少 $mol\cdot L^{-1}$?

解:

$$2H^+(aq) + CO_3^{2-}(aq) = H_2CO_3(aq)$$

$$\frac{1}{2}n_{HCl} = n_{Na_2CO_3}$$

$$[H^+] = 0.2045g\times\frac{1mol}{106.0g}\times\frac{1}{39.42mL}\times\frac{1000mL}{1L} = 0.0979mol\cdot L^{-1}$$

2-19 熔融盐电解制备活泼金属时需要加助熔剂,因此产物中可能含有杂质。

(1) 如何除去 Li 中少量 K?

(2) 如何除去 Na 中少量 Ca?

解:(1) 因为 K 比 Li 易挥发,可用真空蒸馏的方法除去 Li 中少量 K。

(2) 因为 Na 的熔点(97.8℃)比 Ca 的熔点(839℃)低得多,所以可以过滤除去

熔融 Na 中少量固态 Ca。

2-20　金属钠和镁条在空气中燃烧，把生成物均溶于水后得到的产物有何异同，如何鉴别？写出有关的反应方程式。

解：金属钠和镁条在空气中燃烧，把生成物溶于水后都得到相应的氢氧化物。不同的产物是钠燃烧后溶于水有过氧化氢产生，并分解放出氧气。镁燃烧后有氮化物生成，溶于水后有氨气生成。有关的反应方程式如下

$$2Na + O_2 \xrightarrow{燃烧} Na_2O_2$$

$$Na_2O_2 + 2H_2O \longrightarrow 2NaOH + H_2O_2$$

$$2H_2O_2 \longrightarrow 2H_2O + O_2$$

$$2Mg + O_2 \xrightarrow{燃烧} 2MgO$$

$$3Mg + N_2 \xrightarrow{燃烧} Mg_3N_2$$

$$MgO + H_2O \longrightarrow Mg(OH)_2$$

$$Mg_3N_2 + 6H_2O \longrightarrow 3Mg(OH)_2 + 2NH_3$$

钠和镁的产物不同，可将钠的产物溶液用稀硫酸酸化，加入高锰酸钾溶液，过氧化氢同高锰酸钾作用可使紫色褪去，成为无色。其反应方程式为

$$2KMnO_4 + 5H_2O_2 + 3H_2SO_4 \longrightarrow 2MnSO_4 + K_2SO_4 + 5O_2 + 8H_2O$$

用同样方法，镁的产物不会使高锰酸钾的紫色褪去，据此可以说明无过氧化氢生成。用奈斯勒试剂可检出镁产物溶液中有 NH_4^+ 生成。

2-21　试用简便方法将下列各组中的物质分别鉴定出来：

(1) 金属钾和金属钠；(2) 大苏打和小苏打；(3) 纯碱、烧碱和泡花碱；(4) 元明粉和保险粉。

解：(1) 将钾和钠置于空气中燃烧，根据产物颜色不同可以鉴定出钾和钠。

$$K + O_2 \xlongequal{燃烧} KO_2(红色)$$

$$2Na + O_2 \xlongequal{燃烧} Na_2O_2(黄色)$$

(2) 将大苏打和小苏打分别同酸作用，有刺激性气体放出并有黄色沉淀析出者为大苏打($Na_2S_2O_3 \cdot 5H_2O$)；只有气体放出而无沉淀者为小苏打($NaHCO_3$)。反应式如下

$$Na_2S_2O_3 \cdot 5H_2O + 2HCl \xlongequal{} 2NaCl + SO_2 + S + 6H_2O$$

$$NaHCO_3 + HCl \xlongequal{} NaCl + CO_2 + H_2O$$

(3) 将纯碱、烧碱和泡花碱分别和稀强酸如盐酸作用，有大量气体产生，能使饱和石灰水变浑浊者为纯碱(Na_2CO_3)；有胶状白色沉淀者为泡花碱(Na_2SiO_3)；余下的烧碱(NaOH)既无沉淀也无气体产生。反应式如下

$$Na_2CO_3 + 2HCl = 2NaCl + CO_2 + H_2O$$
$$Na_2SiO_3 + 2HCl = H_2SiO_3 + 2NaCl$$
$$NaOH + HCl = NaCl + H_2O$$

(4) 将反应元明粉和保险粉分别溶于热水,然后加入盐酸,有刺激性气体放出并有黄色沉淀析出者为保险粉($Na_2S_2O_3$);无任何现象发生者为元明粉(Na_2SO_4)。反应式如下

$$Na_2S_2O_3 + 2HCl = 2NaCl + SO_2 + S + H_2O$$

2-22 物质 A,B,C 均为一种碱金属的化合物。A 的水溶液和 B 作用生成 C,加热 B 时得到气体 D 和物质 C,D 和 C 的水溶液作用又生成化合物 B。根据不同条件,D 和 A 反应生成 B 或 C。又知 A,B,C 的火焰颜色都是紫色。问化合物 A,B,C 和 D 各是什么物质?写出有关化学反应式。

解:碱金属中钾的化合物的火焰呈紫色。酸式碳酸盐热分解温度较低,可知 B 是 $KHCO_3$,D 是 CO_2,C 是 K_2CO_3,A 是 KOH。有关反应式为

$$KOH + KHCO_3 = K_2CO_3 + H_2O$$
$$2KHCO_3 \xlongequal{\triangle} K_2CO_3 + CO_2 + H_2O$$
$$K_2CO_3 + CO_2 + H_2O = 2KHCO_3$$
$$2KOH + CO_2 = K_2CO_3 + H_2O$$

2-23 某工厂电解食盐溶液所使用的电解槽共有 150 个,电解槽的电流为 22 000A,电流效率为 96%。试计算每 24h 生产多少氢氧化钠。将所得产品取样分析,2.4g NaOH 被 27L $1.0mol \cdot L^{-1}$ H_2SO_4 完全中和,试计算氢氧化钠的纯度。

解:(1) 150 个电解槽 24 h 生产 NaOH 的量

$$150 \times \frac{22\ 000C \cdot s^{-1} \times 96\%}{96\ 500C \cdot mol^{-1}} \times \frac{24h \times 3600s}{1h} \times 40g \cdot mol^{-1} \times 10^{-3}kg \cdot g^{-1}$$
$$= 1.13 \times 10^5 kg$$

(2) 2.4g 生产的 NaOH 中纯 NaOH 的量为

$$\frac{2 \times 1.0mol \cdot L^{-1} \times 27mL}{10^3 ml \cdot L^{-1}} \times 40g \cdot mol^{-1} = 2.16g$$

(3) NaOH 的纯度为

$$\frac{2.16}{2.4} \times 100\% = 90\%$$

第三章　碱土金属

(一) 概　　述

碱土金属元素(alkaline earth metal)组成周期表第Ⅱ(A)族,成员包括铍、镁、钙、锶、钡、镭。碱土金属单质的重要性质列于表3.1。

表3.1　碱土金属的一些重要性质

元素	Be	Mg	Ca	Sr	Ba	Ra
原子序数	4	12	20	38	56	88
电子构型	$[He]2s^2$	$[Ne]3s^2$	$[Ar]4s^2$	$[Kr]5s^2$	$[Xe]6s^2$	$[Rn]7s^2$
原子半径/Å	1.12	1.60	1.97	2.15	2.24	—
气态原子化 $\Delta H^{\ominus}/(kJ\cdot mol^{-1})$	326	149	177	164	178	130
熔点/℃	1278	651	851	767	707	700
沸点/℃	2270	1107	1437	1366	1637	1140
密度/$(g\cdot cm^{-3})$	1.85	1.74	1.55	2.63	3.62	—
Moh 硬度	4	2.5	2	1.8	—	—
第一电离能/$(kJ\cdot mol^{-1})$	898	736	589	548	503	508
第二电离能/$(kJ\cdot mol^{-1})$	1762	1449	1144	1060	960	975
第三电离能/$(kJ\cdot mol^{-1})$	14 850	7730	4940	4150	3440	—
离子半径/Å	0.31	0.72	1.00	1.13	1.36	1.48
M^{2+}离子水化 $\Delta H^{\ominus}/(kJ\cdot mol^{-1})$	—	−1980	−1650	−1480	−1365	—
M^{2+}离子水化 $\Delta S^{\ominus}/(J\cdot mol^{-1}\cdot K^{-1})$	—	−293	−238	−222	−188	—
M^{2+}离子水化 $\Delta G^{\ominus}/(kJ\cdot mol^{-1})$	—	−1895	−1582	−1415	−1310	—
$E^{\ominus}_{M^{2+}/M}/V$	−1.85	−2.37	−2.87	−2.89	−2.90	−2.92

碱土金属原子核最外层只有两个 s 价电子。从铍到镭的变化规律与碱金属相

似。因为铍和镁原子和离子半径之差比锂和钠的半径之差大,所以铍在本族中的特殊性更加明显。

从表3.1的数据来看,碱土金属有相对很高的第三电离能,所以不存在M^{3+}离子。第一电离能虽然小于第二电离能,但由于M^{2+}的半径小、电荷高,形成离子晶体时放出的晶格能较大,所以碱土金属的离子通常为M^{2+}而非M^{+}。同碱金属一样,Ca,Sr,Ba,Ra的标准电极电势$E^{\ominus}_{M^{2+}/M}$彼此很接近。在周期表中处于对角相邻关系的铍和铝原子和离子半径相似,由此导致了性质的相似,如相近的标准电极电势值;在硝酸中发生钝化作用;易形成缺电子的氢化物、挥发性的卤化物以及氢氧化物具有两性等。

铍和铝共生于绿柱石矿中,其中的主要成分为硅酸盐$Be_3Al_2(Si_6O_{18})$。镁、钙、锶、钡则广泛分布于矿物和海水中。较重要的矿物有白云石$CaMg(CO_3)_2$,光卤石$KMgCl_3·6H_2O$,白垩、石灰石、大理石$CaCO_3$,硫酸锶$SrSO_4$,重晶石$BaSO_4$。镭^{226}Ra是半衰期为1600年的α放射性元素,属于天然放射系铀系。

钙和镁在生物化学中十分重要,在各种有磷酸盐的生化反应中起催化剂或抑制剂的作用。镁还是叶绿素的组成元素。铍的化合物则有很强的毒性。

(二)习题及解答

3-1　完成并配平下列反应式

$$Mg + N_2 \longrightarrow$$

$$Ca(HCO_3) \xrightarrow{\triangle}$$

$$MgCl_2·6H_2O \xrightarrow{\triangle}$$

解:

$$3Mg + N_2 \longrightarrow Mg_3N_2$$

$$Ca(HCO_3)_2 \xrightarrow{\triangle} CaCO_3\downarrow + CO_2\uparrow + H_2O$$

$$MgCl_2·6H_2O \xrightarrow{\triangle} Mg(OH)Cl\downarrow + HCl\uparrow + 5H_2O\uparrow$$

3-2　写出并配平下列过程的反应方程式:(1)由CaH_2制备H_2;(2)由$Sr(NO_3)_2$制备$SrCl_2$;(3)由$BaSO_4$制备$BaCl_2$;(4)由$CaCO_3$制备$Ca(NO_3)_2$(或纯化$CaCO_3$)。

解:(1) $CaH_2 + 2H_2O \xlongequal{} Ca(OH)_2 + 2H_2(g)$

(2) $Sr(NO_3)_2(aq) + CO_3^{2-}(aq) \xlongequal{} SrCO_3(s) + 2NO_3^-(aq)$

$SrCO_3(s) + 2HCl \xlongequal{} SrCl_2 + CO_2(g) + H_2O$

(3) $BaSO_4(s) + 4C(s) \xlongequal{} BaS(s) + 4CO(g)$

$BaS(s) + 2HCl(aq) \xlongequal{} BaCl_2(aq) + H_2S(g)$

(4) $CaCO_3(s) + 2HNO_3 \longequal Ca(NO_3)_2 + CO_2(g) + H_2O$

3-3　在空气中加热金属镁得到氧化镁。0.200g 金属镁完全反应可得到 0.305g 产物。问(1) 产物是否为纯氧化镁？(2) 产物中除氧化镁外还可能存在什么化合物？(3) 如何检验(2)中所指的化合物？

解：(1) 在空气中加热镁得到氧化镁，反应式为

$$\begin{array}{ll} 2Mg + O_2 \xrightarrow{\triangle} & 2MgO \\ 0.200g & x \\ 24.3g\cdot mol^{-1} & 40.3g\cdot mol^{-1} \end{array}$$

若 0.200g Mg 完全反应，全部变成 MgO，应得到 x 产物。

$$x = \frac{0.200g \times 40.3g\cdot mol^{-1}}{24.3g\cdot mol^{-1}} = 0.332g$$

而实际上只有 0.305g 产物，可见不是纯 MgO。

(2) 金属镁在空气中加热时，也可以和氮气发生反应

$$Mg + N_2 = Mg_3N_2$$

所以产物中除了 MgO 还有 Mg_3N_2。

(3) 用奈斯勒试剂可以检出 Mg_3N_2 溶于水后产生的氨气

$$Mg_3N_2 + 6H_2O = 3Mg(OH)_2 + 2NH_3(g)$$

$$NH_3(g) + H_2O = NH_4^+ + OH^-$$

$$NH_4^+ + 4OH^- + 2[HgI_4]^{2-} = Hg_2NI\cdot H_2O + 7I^- + 3H_2O$$

3-4　指出碱土金属中：(1) 能被浓硝酸钝化的金属单质；(2) 熔点最高的氧化物；(3) 具有两性的氢氧化物；(4) 溶解度最大的碳酸盐。

解：(1) Be；(2) MgO；(3) $Be(OH)_2$ 和 $Ba(OH)_2$；(4) $BeCO_3$。

3-5　工业上用 $CaSO_4$，NH_3 及 CO_2 间的反应制备 $(NH_4)_2SO_4$。(1) 写出反应方程式及反应的 K 值。(2) 原料中的 CO_2(在有 NH_3 时)起什么作用？

解：(1) $CaSO_4 + 2NH_3 + H_2CO_3 = CaCO_3 + 2NH_4^+ + SO_4^{2-}$

$$K = \frac{[SO_4^{2-}][NH_4^+]}{[NH_3]^2[H_2CO_3]}$$

$$= \frac{[OH^-][NH_4^+]^2}{[NH_3]^2} \times \frac{[H^+]^2[CO_3^{2-}]}{[H_2CO_3]} \times [Ca^{2+}][SO_4^{2-}]$$

$$\times \frac{1}{[Ca^{2+}][CO_3^{2-}]} \times \frac{1}{[H^+]^2[OH^-]^2} \times [Ca^{2+}][SO_4^{2-}]$$

$$=K_{b(NH_3)}^2\times K_{a_1}K_{a_2(H_2CO_3)}\times K_{sp(CaSO_4)}\times\frac{1}{K_{sp(CaCO_3)}}\times\frac{1}{K_w^2}$$

$$=(1.8\times10^{-5})^2\times4.3\times10^{-7}\times5.6\times10^{-11}\times7.1\times10^{-5}\times\frac{1}{5.0\times10^{-9}}\times\frac{1}{(1.0\times10^{-14})^2}$$

$$=1.1\times10^6$$

(2) 在有 NH_3 存在时,CO_2 的作用是提供 CO_3^{2-}。将 $CaSO_4$ 转变成更难溶于水的 $CaCO_3$,使反应较易进行。

若不加 CO_2,可计算平衡常数如下

$$CaSO_4+2NH_3+2H_2O=\!=\!=Ca(OH)_2+2NH_4^++SO_4^{2-}$$

$$K=\frac{[SO_4^{2-}][NH_4^+]^2}{[NH_3]^2}=\frac{[OH^-]^2[NH_4^+]^2}{[NH_3]^2}\times[Ca^{2+}][SO_4^{2-}]\times\frac{1}{[Ca^{2+}][OH^-]^2}$$

$$=K_{b(NH_3)}^2\times K_{sp(CaSO_4)}\times\frac{1}{K_{sp[Ca(OH)_2]}}$$

$$=(1.8\times10^{-5})^2\times7.1\times10^{-5}\times\frac{1}{5.5\times10^{-6}}$$

$$=4.2\times10^{-9}$$

因此,反应不能自发进行。

3-6 以 $Ca(OH)_2$ 为原料,如何制备:(1) 漂白粉;(2) 氢氧化钠;(3) 氨水;(4) 氢氧化镁。

解:(1) 漂白粉:$2Ca(OH)_2+2Cl_2=\!=\!=CaCl_2+Ca(ClO)_2+2H_2O$

(2) 氢氧化钠:$Ca(OH)_2+Na_2CO_3=\!=\!=2NaOH+CaCO_3(s)$

(3) 氨水:$Ca(OH)_2+2NH_4Cl\xlongequal{\triangle}CaCl_2+2NH_3+2H_2O$

(4) 氢氧化镁:$Ca(OH)_2+MgCl_2=\!=\!=CaCl_2+Mg(OH)_2$

3-7 如何由天青石 $SrSO_4$ 制备 $Sr(NO_3)_2$。

解:先将难溶的天青石 $SrSO_4$ 变成可溶性的 SrS

$$SrSO_4+4C\xrightarrow{高温}SrS+4CO$$

$$SrSO_4+4CO\longrightarrow SrS+4CO_2$$

用水浸取焙烧矿物,SrS 水解成 $Sr(HS)_2$ 和 $Sr(OH)_2$

$$2SrS+2H_2O\longrightarrow Sr(HS)_2+Sr(OH)_2$$

再用硝酸与水解产物作用

$$Sr(HS)_2 + 2HNO_3 \longrightarrow Sr(NO_3)_2 + 2H_2S$$
$$Sr(OH)_2 + 2HNO_3 \longrightarrow Sr(NO_3)_2 + 2H_2O$$

最后将硝酸锶溶液蒸发、浓缩、结晶，可得到固体产物 $Sr(NO_3)_2$。

3-8 烧石膏可用作医疗绷带或塑像模型是利用了其什么特性？

解：烧石膏 $CaSO_4 \cdot H_2O$ 是由硫酸钙的二水合物 $CaSO_4 \cdot 2H_2O$ 加热至一定温度后部分脱水的产物

$$CaSO_4 \cdot 2H_2O \xrightarrow{932K} CaSO_4 \cdot H_2O + H_2O$$

由于该反应是可逆的，所以烧石膏和水混合成糊状后，会逐渐凝固重新生成 $CaSO_4 \cdot 2H_2O$，同时硬化并膨胀。石膏绷带和模型制作就是利用了烧石膏的这个性质。

3-9 简述如何根据各物质的溶解度以 $BaCl_2 \cdot 2H_2O$ 和 $NaNO_3$ 为原料制备 $Ba(NO_3)_2$。

几种物质在 20℃ 和 100℃ 时的溶解度 $S[g \cdot (100\ gH_2O)^{-1}]$

物质	$BaCl_2$	$NaNO_3$	$Ba(NO_3)_2$	NaCl
20℃	35.7	88.0	9.20	36.0
100℃	58.8	180	32.2	39.8
$\frac{S_{100℃}}{S_{20℃}}$	1.65	2.04	3.5	1.10

解：反应式为 $BaCl_2 + 2NaNO_3 = Ba(NO_3)_2 + 2NaCl$

由溶解度数据可知，产品 $Ba(NO_3)_2$ 在 20℃ 时的溶解度最小，随温度升高溶解度增加的倍数最大。另一产物 NaCl 则随温度变化很小。因此，可在 100℃ 时混合物质的量之比为 1∶2 的 $BaCl_2 \cdot 2H_2O$ 和 $NaNO_3$，此时会析出部分 NaCl。趁热过滤除去析出的 NaCl，再将滤液冷却至室温，大部分 $Ba(NO_3)_2$ 可结晶析出，而剩余的 NaCl 留在母液中。将析出的 $Ba(NO_3)_2$ 滤出，经重结晶提纯后得到产品。

3-10 钡盐有毒，为什么检查人体消化器官疾病时可通过服用"钡餐"进行 X 射线透视造影？

解：Ba^{2+} 有毒，因而可溶性钡盐如 $BaCl_2$，$Ba(NO_3)_2$ 等是有毒的。病人为协助医生诊断服用的"钡餐"是溶解度极小的 $BaSO_4$，而且不溶于胃酸，人体无法吸收，不会使人中毒。

3-11 讨论以下化合物的 $\Delta H_f^\ominus$

$-\Delta H_f^\ominus$ 值(单位:$kJ\cdot mol^{-1}$)

M	MF_2	MCl_2	MBr_2	MI_2
Mg	1113	642	517	360
Ca	1214	795	674	535
Sr	1213	828	715	567

解:碱土金属卤化物摩尔生成焓的变化规律:

(1) 所有卤化物的摩尔生成焓均为负值;

(2) 氟化物的 $-\Delta H_f^\ominus$ 随金属原子序数增加变化不大,而其他卤化物的 $-\Delta H_f^\ominus$ 随金属原子序数增加而增大;

(3) 对于同种金属,从氟化物到碘化物,$-\Delta H_f^\ominus$ 依次减小;

(4) (3)中的 $-\Delta H_f^\ominus$ 依次减小的程度随金属原子序数增加而减小;

因为根据 Born-Haber 循环

$$MX_2(s) \longrightarrow M^{2+}(g) + 2X^-(g) \qquad \Delta H_1 = U$$

$$M(s) \longrightarrow M(g) \qquad \Delta H_2 = L$$

$$X_2(g) \longrightarrow 2X(g) \qquad \Delta H_3 = D$$

$$M(g) - 2e \longrightarrow M^{2+}(g) \qquad \Delta H_4 = \sum I$$

$$2X(g) + 2e \longrightarrow 2X^-(g) \qquad \Delta H_5 = 2E$$

$$M(s) + X_2(g) \longrightarrow MX_2(s) \qquad \Delta H_f^\ominus$$

$$\Delta H_f^\ominus = -(U - L - D - \sum I + 2E)$$

其中:U 为离子化合物的晶格能;$\Delta H_f^\ominus$ 为离子化合物的标准生成焓;L 为固体金属原子升华为气态原子的升华能;D 为卤素气态分子的解离能;I 为卤素的电子亲和能。

对于碱土金属的卤化物,晶格能和亲和能是正值且较大,所以 $\Delta H_f^\ominus$ 为负值(1)。

随金属原子序数增加,电离能 I 减小使 $-\Delta H_f^\ominus$ 值依次增大,而晶格能和正负离子半径之和成反比,对同一正离子而言,当然负离子半径越小,U 随金属原子序数增加而减小的越多。总的效果是(2)。

同一金属从氟化物到碘化物,负离子半径增大,晶格能 U 减小,$-\Delta H_f^\ominus$ 值依次减小(3)。

随正离子半径的增大,晶格能 U 受负离子半径增大而减小的程度减弱(4)。

3-12 某酸性 $BaCl_2$ 溶液中含少量 $FeCl_3$ 杂质,用 $Ba(OH)_2$ 或 $BaCO_3$ 调节溶液的 pH,均可把 Fe^{3+} 沉淀为 $Fe(OH)_3$ 而除去,为什么?

解:设 Fe^{3+} 完全沉淀后 $[Fe^{3+}]=10^{-6}mol \cdot L^{-1}$,则

$$K_{sp}=[Fe^{3+}][OH^-]^3=2.64\times10^{-39}$$

溶液中所需 $[OH^-]$ 为

$$[OH^-]=\left(\frac{2.64\times10^{-39}}{10^{-6}}\right)^{\frac{1}{3}}=1.38\times10^{-11}(mol \cdot L^{-1})$$

$Ba(OH)_2$ 的溶解度较大,可得到足量 OH^-。

$BaCO_3$ 在水溶液中与 Fe^{3+} 有如下平衡:

$$3BaCO_3(s)+Fe^{3+}(aq)+3H_2O=\!=\!=Fe(OH)_3(s)+3HCO_3^-(aq)+3Ba^{2+}(aq)$$

$$K=\frac{[HCO_3^-]^3[Ba^{2+}]^3}{[Fe^{3+}]}$$

$$=\frac{[HCO_3^-]^3}{[CO_3^{2-}]^3[H^+]^3}\times[H^+]^3[OH^-]^3\times[Ba^{2+}]^3[CO_3^{2-}]^3\times\frac{1}{[Fe^{3+}][OH^-]^3}$$

$$=\left(\frac{1}{K_{a_2(H_2CO_3)}}\right)^3\times K_w^3\times K_{sp(BaCO_3)}^3\times\frac{1}{K_{sp[Fe(OH)_3]}}$$

$$=\left(\frac{1}{5.6\times10^{-11}}\right)^3\times(1.0\times10^{-14})^3\times(2.6\times10^{-9})^3\times\frac{1}{2.6\times10^{-39}}=38$$

所以加 $BaCO_3$ 也可以沉淀 $Fe(OH)_3$。

3-13 用平衡常数说明:(1) Mg^{2+} 和 $NH_3 \cdot H_2O$ 的反应是否完全;(2) $Mg(OH)_2$ 和 NH_4Cl 的反应是否完全?

解:(1) $Mg^{2+}+2NH_3 \cdot H_2O=\!=\!=2NH_4^+(aq)+Mg(OH)_2(s)$

$$K=\frac{[NH_4^+]^2}{[NH_3 \cdot H_2O]^2[Mg^{2+}]}=\frac{[NH_4^+]^2[OH^-]^2}{[NH_3 \cdot H_2O]^2}\times\frac{1}{[OH^-]^2[Mg^{2+}]}$$

$$=K_{b(NH_3)}^2\times\frac{1}{K_{sp[Mg(OH)_2]}}=(1.8\times10^{-5})^2\times\frac{1}{5.6\times10^{-12}}=58$$

(2) $Mg(OH)_2(s)+2NH_4^+(aq)=\!=\!=Mg^{2+}(aq)+2NH_3 \cdot H_2O$

该反应是反应(1)的逆反应

$$K=\frac{[NH_3 \cdot H_2O]^2[Mg^{2+}]}{[NH_4^+]^2}=\frac{1}{58}=1.7\times10^{-2}$$

平衡常数的计算结果表明,反应(1)和(2)都不完全,反应进行的方向取决于反应物

的浓度。

3-14　按 $E^{\ominus}_{Mg^{2+}/Mg}$判断，Mg 应和 H_2O 反应生成 H_2。问：(1)为什么室温下 Mg 和 H_2O 的反应不明显？(2)为什么 Mg 能和 NH_4Cl 溶液反应？

解：(1) $Mg(s) + 2H_2O = Mg(OH)_2(s) + H_2(g)$
由于产物 $Mg(OH)_2$ 难溶于水，覆盖在金属镁表面，阻碍反应继续进行。

(2) 因为 $Mg(OH)_2$ 能同 NH_4Cl 反应所以反应(1)能继续进行。

$$Mg(s) + 2NH_4Cl(aq) = MgCl_2 + H_2(g) + 2NH_3(aq)$$

3-15　根据 Ca^{2+}，Sr^{2+}，Ba^{2+} 的化合物性质推测 $Ra(OH)_2$ 的碱性和溶解度，$RaCO_3$ 和 $RaSO_4$ 的溶解度。并和手册数据对比。

解：Ca^{2+}，Sr^{2+}，Ba^{2+} 的氢氧化物溶解度依次增加，碱性依次增加，碳酸盐和硫酸盐难溶于水，可推测 $Ra(OH)_2$ 是强碱，易溶于水；$RaCO_3$ 和 $RaSO_4$ 均难溶于水。

可查到的数据：$RaSO_4$ 的溶解度 $2\times10^{-7}g\cdot(100g\ H_2O)^{-1}$(25℃)

3-16　实验证实：在 $1mol\cdot L^{-1}$ HCl 中 $CaSO_4$ 明显溶解，而 $BaSO_4$ 不溶。请用反应平衡常数解释。

解：(1) 对 $CaSO_4$

$$CaSO_4(s) + H^+(aq) = Ca^{2+}(aq) + HSO_4^-(aq)$$

$$K = \frac{[Ca^{2+}][HSO_4^-]^3}{[H^+]} = [Ca^{2+}][SO_4^{2-}] \times \frac{[HSO_4^-]}{[H^+][SO_4^{2-}]}$$

$$= K_{sp(CaSO_4)} \times \frac{1}{K_{a(HSO_4^-)}} = 7.1\times10^{-5}\times\frac{1}{1.2\times10^{-2}}$$

$$= 5.9\times10^{-3}$$

设$[Ca^{2+}] = [HSO_4^-] = x$，当$[H^+] = 1mol\cdot L^{-1}$时

$$K = \frac{[Ca^{2+}][HSO_4^-]^3}{[H^+]} = x^2$$

$$[Ca^{2+}] = x = (K)^{1/2} = (5.9\times10^{-3})^{1/2} = 7.7\times10^{-2}(mol\cdot L^{-1})$$

(2) 对 $BaSO_4$

$$BaSO_4(s) + H^+(aq) = Ba^{2+}(aq) + HSO_4^-(aq)$$

$$K = \frac{[Ba^{2+}][HSO_4^-]^3}{[H^+]} = [Ba^{2+}][SO_4^{2-}] \times \frac{[HSO_4^-]}{[H^+][SO_4^{2-}]}$$

$$= K_{sp(BaSO_4)} \times \frac{1}{K_{a(HSO_4^-)}} = 1.07 \times 10^{-10} \times \frac{1}{1.2 \times 10^{-2}}$$

$$= 8.9 \times 10^{-9}$$

设$[Ba^{2+}] = [HSO_4^-] = x$，当$[H^+] = 1mol \cdot L^{-1}$时

$$[Ba^{2+}] = x = (K)^{1/2} = (8.9 \times 10^{-9})^{1/2} = 9.4 \times 10^{-5}(mol \cdot L^{-1})$$

3-17 如何对碱金属和碱土金属阳离子混合溶液进行系统定性分析？

解：在系统定性分析中，碱土金属阳离子 Mg^{2+}，Ca^{2+}，Sr^{2+}，Ba^{2+} 属于碳酸组，碱金属阳离子 Na^+、K^+ 和 NH_4^+ 属于可溶组。分析方法如下：

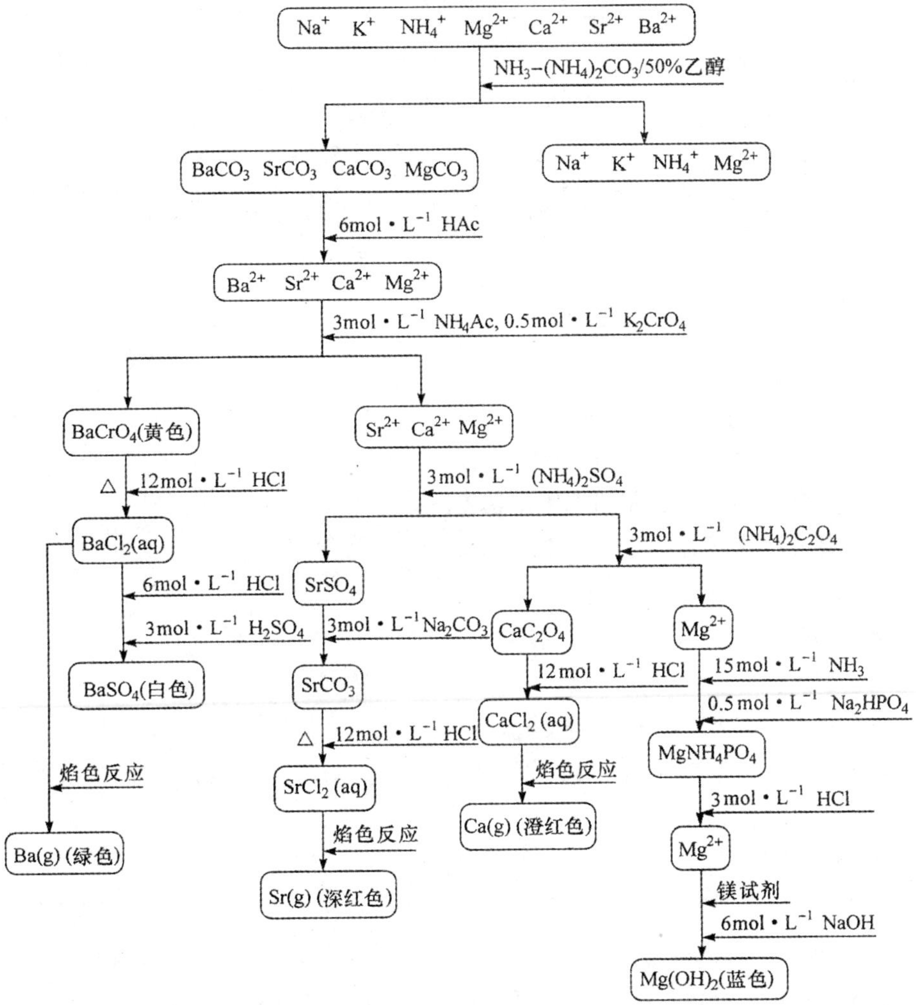

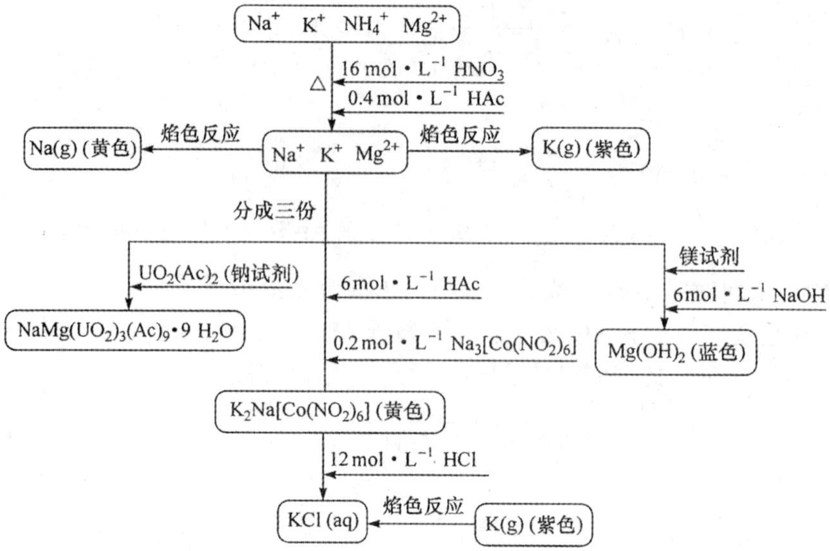

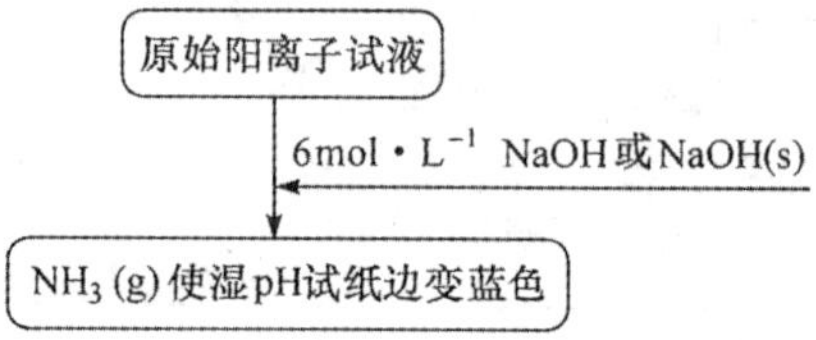

3-18 有一份白色固体混合物,其中含有 KCl, $MgSO_4$, $BaCl_2$, $CaCO_3$ 中的几种。根据下列实验现象判断混合物中有哪几种化合物?

(1) 混合物溶于水,得透明澄清溶液;

(2) 对溶液作焰色反应,通过钴玻璃观察到紫色;

(3) 向溶液中加碱,产生白色胶状沉淀。

解:现象(1)说明混合物中没有 $CaCO_3$,不同时含 $MgSO_4$ 和 $BaCl_2$;(2)说明有 KCl;(3)说明有 $MgSO_4$。

结论:该混合物中有 KCl 和 $MgSO_4$。

3-19 用镁试剂鉴定 Mg^{2+} 时,问 Na^+, K^+, NH_4^+, Ca^{2+}, Ba^{2+} 中哪几种离子可能有干扰? 如何消除这些干扰?

解:镁试剂可吸附白色无定形 $Mg(OH)_2$ 沉淀变成天蓝色。Na^+, K^+ 的存在对镁试剂鉴定 Mg^{2+} 没有干扰。大量 NH_4^+ 的存在会降低 OH^- 浓度,使 $Mg(OH)_2$ 不能沉淀,可加过量 KOH 除去。大量 Ca^{2+}, Ba^{2+} 的存在也可能生成氢氧化物沉淀,干扰对 Mg^{2+} 的鉴定。可控制 pH≈9 加 CO_3^{2-} 预先除去 Ca^{2+}、Ba^{2+}。

3-20 分析某水样,其中含 Ca^{2+} 为 $80mol \cdot L^{-1}$, Mg^{2+} 为 $20mol \cdot L^{-1}$。问这种

水的硬度是多少?

解:我国规定的水的硬度标准是1L水中含MgO,CaO总量相当于10mg CaO,则这种水的硬度为1°。

$80mg\cdot L^{-1}$的Ca^{2+}相当于CaO $mg\cdot L^{-1}$为

$$\frac{80mg\ Ca^{2+}}{1L}\times\frac{56mg\ CaO}{40mg\ Ca^{2+}}=112mg\cdot L^{-1}\ CaO$$

$20mg\cdot L^{-1}$的Mg^{2+}相当于CaO $mg\cdot L^{-1}$为

$$\frac{20mg\ Mg^{2+}}{1L}\times\frac{56mg\ CaO}{24mg\ Mg^{2+}}=47mg\cdot L^{-1}\ CaO$$

水的硬度为:$\frac{112+47}{10}=16°$。

3-21 为除去溶液中的Mg^{2+},有人提出一个建议:加NaOH使溶液的pH=12以沉淀$Mg(OH)_2$,再加Na_2CO_3溶液使残余Mg^{2+}沉淀为$MgCO_3$。请评价这个建议。

解:因为 $K_{sp[Mg(OH)_2]}=5.6\times10^{-12}\ll K_{sp(MgCO_3)}=6.8\times10^{-6}$

当溶液的pH=12时,$[OH^-]=1\times10^{-2}mol\cdot L^{-1}$

$$[Mg^{2+}]=\frac{5.6\times10^{-12}}{(1\times10^{-2})^2}=5.6\times10^{-8}(mol\cdot L^{-1})$$

而此时即使$[CO_3^{2-}]=1.0\times10^{-2}mol\cdot L^{-1}$,沉淀$MgCO_3$所需$Mg^{2+}$为

$$[Mg^{2+}]=6.8\times10^{-6}mol\cdot L^{-1}\gg5.6\times10^{-8}mol\cdot L^{-1}$$

所以,第二个步骤并不能起作用。

3-22 用$Na_3Co(NO_2)_6$鉴定K^+,若在强碱介质中反应,可能有$Co(OH)_3$沉淀;若在强酸介质中反应,配位体会分解。请判断$Na_3Co(NO_2)_6$的稳定性如何?

解: $[Co(NO_2)_6]^{3-}=\!=\!=Co^{3+}+6NO_2^-$

在碱性条件下

$$Co^{3+}+3OH^-=\!=\!=Co(OH)_3\downarrow \qquad K=1/K_{sp}=\frac{1}{2\times10^{-44}}=5\times10^{43}$$

在酸性条件下

$$NO_2^-+H^+=\!=\!=HNO_2 \qquad K=1/K_a=\frac{1}{5.1\times10^{-4}}=2\times10^3$$

可见在碱性条件下和强酸性条件下$Na_3Co(NO_2)_6$都是不稳定的。

3-23 将6.50g $Ca(OH)_2$($K_{sp}=5.5\times10^{-6}$)粉末与足量水混合,得到100.0mL浑浊液,再加入10.0mL $6.00mol\cdot L^{-1}$的HCl(aq),还剩多少克固体$Ca(OH)_2$没有溶解?

解:$Ca(OH)_2$(s)是微溶性强碱,减去与HCl(aq)反应导致溶解的量。再减去

未反应部分溶解的量,即为没有溶解的量。

反应式为

$$Ca(OH)_2(s) + 2HCl \xlongequal{} Ca^{2+}(aq) + Cl^-(aq) + 2H_2O$$

计算与 10.0mL HCl(aq) 反应所需 $Ca(OH)_2$ 的质量为

$$10.0mL \times \frac{6.00mol\ HCl}{1000mL} \times \frac{1mol\ Ca(OH)_2}{2mol\ HCl} \times \frac{74.1g\ Ca(OH)_2}{1mol\ Ca(OH)_2} = 2.22g\ Ca(OH)_2(s)$$

未反应的 $Ca(OH)_2(s)$的质量$=6.50-2.22=4.28(g)$

反应生成的 Ca^{2+} 的浓度:

$$[Ca^{2+}] = \frac{2.22g\ Ca(OH)_2 \times \dfrac{1mol\ Ca(OH)_2}{74.1g\ Ca(OH)_2}}{110.0mL \times \dfrac{1L}{1000mL}} = 0.272mol \cdot L^{-1}$$

设:未反应的 $Ca(OH)_2(s)$溶解生成的 Ca^{2+} 的浓度为 x,则$[OH^-]=2x$

假定 $x \ll 0.272mol \cdot L^{-1}$,代入 K_{sp}得

$$K_{sp} = 5.5 \times 10^{-6} = [Ca^{2+}][OH^-]^2 = (0.272 + x) \times (2x)^2$$
$$\approx (0.272) \times (2x)^2$$
$$x = 2.2 \times 10^{-3} mol \cdot L^{-1}$$

计算未反应的 $Ca(OH)_2(s)$溶解量为

$$4.28 - 0.018 = 4.26(g)$$

3-24 (1) $1.00mol \cdot L^{-1}[NH_4]_2CO_3$ 溶液中碳酸根的浓度是多少?(2) 如果在 3mL $1.0mol \cdot L^{-1}[NH_4]_2CO_3$ 溶液中加入 4 滴(0.2mL) $15mol \cdot L^{-1}$ $NH_3(aq)$,则$[CO_3^{2-}]$是多少?

解:(1)在水溶液中,$[NH_4]_2CO_3$ 有如下反应:

	$CO_3^{2-}(aq)$ +	$NH_4^+(aq)$ ══	$HCO_3^-(aq)$ +	$NH_3(aq)$
初始浓度/($mol \cdot L^{-1}$)	1.00	2.00		
平衡浓度/($mol \cdot L^{-1}$)	$(1.00-x)$	$(2.00-x)$	x	x

$$K = \frac{x^2}{(1.00-x)(2.00-x)} = 10.3$$

因为 CO_3^{2-} 是强碱,以上平衡偏向右边,$x \approx 1.0$,因此计算过程不能简化。

$$x = 0.923$$
$$[CO_3^{2-}] = 1.00 - 0.923 = 0.077(mol \cdot L^{-1})$$

(2) 溶液的总体积为 $3.00+0.2=3.20mL$,反应物的初始浓度为

$$[NH_3] = 15mol \cdot L^{-1} \times \frac{0.20mL}{3.20mL} = 0.94mol \cdot L^{-1}$$

$$[CO_3^{2-}]=1.0\text{mol}\cdot\text{L}^{-1}\times\frac{3.00\text{mL}}{3.20\text{mL}}=0.94\text{mol}\cdot\text{L}^{-1}$$

$$[NH_4^+]=2.0\text{mol}\cdot\text{L}^{-1}\times\frac{3.00\text{mL}}{3.20\text{mL}}=1.9\text{mol}\cdot\text{L}^{-1}$$

$$CO_3^{2-}(aq)+NH_4^+(aq) = HCO_3^-(aq)+NH_3(aq)$$

	CO_3^{2-}	NH_4^+	HCO_3^-	NH_3
初始浓度/($\text{mol}\cdot\text{L}^{-1}$)	0.94	1.9		
平衡浓度/($\text{mol}\cdot\text{L}^{-1}$)	$(0.94-x)$	$(1.9-x)$	x	$(0.94+x)$

$$K=\frac{x(0.94+x)}{(0.94-x)(1.9-x)}=10.3$$

$$x=0.81$$

$$[CO_3^{2-}]=0.94-x=0.13(\text{mol}\cdot\text{L}^{-1})$$

由以上计算可知，$NH_3(aq)$ 的加入使平衡左移。

3-25 将1滴(0.05mL) $0.5\text{mol}\cdot\text{L}^{-1}$的 K_2CrO_4 溶液加到 3.00mL pH=6.00 的缓冲溶液中，(1) CrO_4^{2-} 的浓度是多少？(2)若要得到 $BaCrO_4$ 沉淀($K_{sp}=1.2\times10^{-10}$)，所需 Ba^{2+}的最低浓度是多少？

解：(1) pH=6.00，则$[H^+]=1.0\times10^{-6}\text{mol}\cdot\text{L}^{-1}$，$CrO_4^{2-}$ 的初始浓度为

$$[CrO_4^{2-}]=\frac{0.50\text{mol}\cdot\text{L}^{-1}\times0.05\text{mL}}{3.05\text{mL}}=0.0082\text{mol}\cdot\text{L}^{-1}$$

$$2CrO_4^{2-}+2H^+ = Cr_2O_7^{2-}+H_2O$$

	CrO_4^{2-}	$Cr_2O_7^{2-}$
初始浓度/($\text{mol}\cdot\text{L}^{-1}$)	0.0082	
平衡浓度/($\text{mol}\cdot\text{L}^{-1}$)	$(0.0082-2x)$	x

$$K=\frac{x}{(0.0082-2x)^2(1.0\times10^{-6})^2}=3.2\times10^{14}$$

$$x=0.0027$$

$$[CrO_4^{2-}]=0.0082-2\times0.0027=0.0028(\text{mol}\cdot\text{L}^{-1})$$

(2) 用 $BaCrO_4$ 的溶度积常数和$[CrO_4^{2-}]$可算出得到沉淀所需 Ba^{2+} 的最低浓度。

$$K_{sp}=[Ba^{2+}][CrO_4^{2-}]$$

$$[Ba^{2+}]=\frac{1.2\times10^{-10}}{2.8\times10^{-3}}=4.3\times10^{-8}(\text{mol}\cdot\text{L}^{-1})$$

3-26 用 $SrSO_4$ 和 $SrCO_3$ 的溶度积常数计算将 $SrSO_4$ 转变成 $SrCO_3$ 反应的平衡常数，并判断反应进行的可能性。

解：

$$SrSO_4(s)+CO_3^{2-}(aq) = SrCO_3+SO_4^{2-}(aq)$$

$$K=\frac{[SO_4^{2-}]}{[CO_3^{2-}]}=\frac{[Sr^{2+}][SO_4^{2-}]}{[Sr^{2+}][CO_3^{2-}]}=\frac{K_{sp(SrSO_4)}}{K_{sp(SrCO_3)}}=\frac{3.2\times10^{-7}}{1.1\times10^{-10}}=2.9\times10^3$$

3-27 在2.00mL pH=7.00的缓冲溶液中加入10滴(0.5mL) 3.0mol·L^{-1}的$(NH_4)_2C_2O_4$溶液。(1) $[C_2O_4^{2-}]$是多少?(2) 在以上溶液中能够使CaC_2O_4和SrC_2O_4沉淀的最低Ca^{2+}和Sr^{2+}浓度是多少?

解:(1) $C_2O_4^{2-}$ 的初始浓度为

$$[C_2O_4^{2-}]=\frac{3.0\text{mol·L}^{-1}\times0.5\text{mL}}{2.50\text{mL}}=0.6\text{mol·L}^{-1}$$

溶液中有以下平衡

$$HC_2O_4^- + H_2O \rightleftharpoons H_3O^+ + C_2O_4^{2-}$$

初始浓度/(mol·L^{-1}) 1.0×10^{-7} 0.6

平衡浓度/(mol·L^{-1}) $(x-1.0\times10^{-7})$ $(0.6-x)$

$$K_{a_2}=\frac{[H_3O^+][CrO_4^{2-}]}{[HCrO_4^-]}=5.4\times10^{-5}=\frac{(1.0\times10^{-7})(0.6-x)}{x}$$

$$[HC_2O_4^-]=x=1.1\times10^{-3}(\text{mol·L}^{-1})$$

$$[C_2O_4^{2-}]=0.6-0.0011\approx0.6(\text{mol·L}^{-1})$$

(2) 根据CaC_2O_4和SrC_2O_4的溶度积表达式可分别计算Ca^{2+}和Sr^{2+}的最低浓度。

$$K_{sp}=[Ca^{2+}][C_2O_4^{2-}]=2.6\times10^{-9}$$

$$[Ca^{2+}]=\frac{2.6\times10^{-9}}{0.60}=4.3\times10^{-9}(\text{mol·L}^{-1})$$

$$K_{sp}=[Sr^{2+}][C_2O_4^{2-}]=1.6\times10^{-7}$$

$$[Sr^{2+}]=\frac{1.6\times10^{-7}}{0.60}=2.7\times10^{-7}(\text{mol·L}^{-1})$$

3-28 Mg^{2+}在$NH_3(aq)$中与HPO_4^{2-}生成$MgNH_4PO_4$沉淀($K_{sp}=2.5\times10^{-13}$),计算该反应的平衡常数。

解: $$Mg^{2+}(aq)+NH_3(aq)+HPO_4^{2-}(aq)\rightleftharpoons MgNH_4PO_4(s)$$

$$K=\frac{1}{[Mg^{2+}][NH_3][HPO_4^{2-}]}$$

$$=\frac{1}{[Mg^{2+}][NH_4^+][PO_4^{3-}]}\times\frac{[NH_4^+][OH^-]}{[NH_3]}\times\frac{[H^+][PO_4^{3-}]}{[HPO_4^{2-}]}\times\frac{1}{[H^+][OH^-]}$$

$$=\frac{1}{K_{sp}}\times K_b\times K_a\times\frac{1}{K_w}$$

$$=\frac{1}{2.5\times10^{-13}}\times(1.74\times10^{-5})\times(4.8\times10^{-13})\times\frac{1}{1.0\times10^{-14}}$$

$$=3.3\times10^9$$

3-29 在分离了碳酸组沉淀后的10mL清液中,有$[Cl^-]=0.60\text{mol·L}^{-1}$,

$[NH_4^+]=1.50mol\cdot L^{-1}$，$[CO_3^{2-}]=0.45mol\cdot L^{-1}$。(1)若要赶掉所有 Cl^- 和 CO_3^{2-}，需要加多少毫升 $16mol\cdot L^{-1}$ 的 HNO_3？(2)在标准状态下可产生多少毫升 N_2O 气体？

解：(1) 有关反应式为

$$Cl^-(aq)+HNO_3(aq)=\!=\!=NO_3^-(aq)+HCl(g)$$

$$CO_3^{2-}+2HNO_3=\!=\!=2NO_3^-+CO_2(g)+H_2O$$

根据化学计量关系可计算与氯离子和碳酸根离子完全反应所需 HNO_3 的量

$$\begin{aligned}HNO_3\text{ 的量}&=\left(10.0mL\times\frac{0.60mmol\ Cl^-}{1mL}\times\frac{1mmol\ HNO_3}{1mmol\ Cl^-}\right)\\&\quad+\left(10.0mL\times\frac{0.45mmol\ CO_3^{2-}}{1mL}\times\frac{2mmol\ HNO_3}{1mmol\ CO_3^{2-}}\right)\\&=6.0mmol+9.0mmol\\&=15.0mmol\end{aligned}$$

需要 $16mol\cdot L^{-1}$ HNO_3 的量应为

$$15.0mmol\times\frac{1mL}{16mmol\ HNO_3}=0.94mL$$

(2) $N_2O(g)$是由 NH_4NO_3 分解产生的

$$NH_4NO_3=\!=\!=N_2O(g)+2H_2O(g)$$

$$\begin{aligned}N_2O(g)&=15.0\times\frac{1mmol\ NH_4NO_3}{1mmol\ HNO_3(g)}\times\frac{1mmol\ N_2O(g)}{1mmol\ NH_4NO_3}\times\frac{22.4mL\ N_2O(g)}{1mmol\ N_2O(g)}\\&=336mL\end{aligned}$$

3-30 已知 $K_2Na[Co(NO_2)_6]$ 的溶解度为 $0.44g\cdot L^{-1}$。(1)计算 $K_2Na[Co(NO_2)_6]$的溶度积常数。(2)当溶液中 $Na_3[Co(NO_2)_6]$的浓度为 $0.10mol\cdot L^{-1}$时，问溶液中钾离子浓度为多少时，可形成 $K_2Na[Co(NO_2)_6]$沉淀？

解：(1) 先计算 $K_2Na[Co(NO_2)_6]$的摩尔溶解度 S

$$S=\frac{0.44g}{1L}\times\frac{1mol\ K_2Na[Co(NO_2)_6]}{436.1g}=1.0\times10^{-3}mol\cdot L^{-1}$$

再计算溶解平衡的常数 K_{sp}

$$K_2Na[Co(NO_2)_6]=\!=\!=2K^+(aq)+Na^+(aq)+[Co(NO_2)_6]^{3-}(aq)$$

$$\begin{aligned}K_{sp}&=[K^+]^2[Na^+][Co(NO_2)_6^{3-}]=(2S)^2(S)(S)=4S^4\\&=4\times(1.0\times10^{-3})^4\\&=4.0\times10^{-12}\end{aligned}$$

(2) $0.10mol\cdot L^{-1}$ $Na_3[Co(NO_2)_6]$的溶液中

$$[Na^+]=3\times0.10mol\cdot L^{-1}=0.30mol\cdot L^{-1}$$

$$K_{sp}=[K^+]^2\times 0.30\times 0.10=4.0\times 10^{-12}$$

$$[K^+]=\left(\frac{4.0\times 10^{-12}}{0.030}\right)^{1/2}=1.2\times 10^{-5}(mol\cdot L^{-1})$$

$$=\frac{1.2\times 10^{-5}mmol}{1mL}\times\frac{39.1mg}{1mmol}$$

$$=4.7\times 10^{-4}(mg\cdot mL^{-1})$$

3-31 (1)若$[CO_3^{2-}]=0.077mol\cdot L^{-1}$,计算 $MgCO_3$ 沉淀后溶液中的 Mg^{2+} 浓度。(2)当溶液体积蒸发为原来的 1/5 时,计算沉淀 $Mg(OH)_2$ 所需的 OH^- 浓度。

解:(1) 根据 $MgCO_3$ 溶度积常数计算 Mg^{2+} 的平衡浓度

$$K_{sp}=[Mg^{2+}][CO_3^{2-}]=[Mg^{2+}]\times 0.077=3.5\times 10^{-8}$$

$$[Mg^{2+}]=\frac{3.5\times 10^{-8}}{0.077}=4.5\times 10^{-7}(mol\cdot L^{-1})$$

(2) 由浓缩后的 Mg^{2+} 浓度和 $Mg(OH)_2$ 的溶度积常数,计算沉淀 $Mg(OH)_2$ 所需的 OH^- 浓度。体积为原来的 1/5,则浓度为原来的 5 倍。

$$[Mg^{2+}]=5\times 4.5\times 10^{-7}mol\cdot L^{-1}=2.2\times 10^{-6}mol\cdot L^{-1}$$

$$K_{sp}=[Mg^{2+}][OH^-]^2=2.2\times 10^{-6}\times[OH^-]^2=2\times 10^{-11}$$

$$[OH^-]=\left(\frac{2\times 10^{-11}}{2.2\times 10^{-6}}\right)^{1/2}=3.0\times 10^{-3}(mol\cdot L^{-1})$$

3-32 如不用高温还原,如何使难溶的碱土金属的硫酸盐溶解?

解:(1) 在难溶的碱土金属的硫酸盐中加入浓硫酸,由于发生反应

$$MSO_4+H_2SO_4(浓)=\!=\!=M^{2+}+2HSO_4^-$$

而部分溶解。

(2) 碱土金属的碳酸盐溶解度比相应硫酸盐大,但比较接近,可利用浓度对沉淀平衡的影响,在硫酸盐中加入饱和碳酸钠溶液,将硫酸盐转化成碳酸盐,然后溶于稀强酸(除 H_2SO_4 外)。经过多次转换,可达到溶解的目的。

$$MSO_4+Na_2CO_3(饱和)=\!=\!=MCO_3+Na_2SO_4$$

$$MCO_3+2H^+=\!=\!=M^{2+}+CO_2+H_2O$$

第四章 硼族元素

(一) 概 述

硼族元素(boron group)属于元素周期表第Ⅲ(A)族,包括硼、铝、镓、铟、铊。彼此之间有较大的差别。硼是典型的非金属。铝是金属但和硼有许多相似的性质。镓、铟、铊则是典型的金属。虽然正三价是本族元素的特征氧化态,但是除硼外,其他元素都有正一价氧化态的化合物存在。对于铊,正一价是稳定的氧化态。实际上,铊与碱金属、银、汞、铅都有一些相似性。硼的特点是存在大量的硼氢化物及其有机衍生物、金属硼化物和硼卤化物。

硼族元素的一些重要性质列于表4.1。

表4.1 硼族元素的一些重要性质

元素	B	Al	Ga	In	Tl
原子序数	5	13	31	49	81
电子构型	[He]	[Ne]	[Ar]	[Kr]	[Xe]
	$2s^22p^1$	$3s^23p^1$	$4s^24p^1$	$5s^25p^1$	$4f^{14}5d^{10}6s^26p^1$
原子半径/Å	—	1.43	1.22	1.62	1.70
气态原子化 $\Delta H^{\ominus}/(kJ\cdot mol^{-1})$	565	324	272	244	180
熔点/℃	2250	660	30	157	303
沸点/℃	2550	2500	2070	2100	1475
密度/$(g\cdot cm^{-3})$	2.5	2.699	5.907	7.31	11.85
第一电离能/$(kJ\cdot mol^{-1})$	800	578	579	558	589
第二电离能/$(kJ\cdot mol^{-1})$	2428	1817	1979	1820	1970
第三电离能/$(kJ\cdot mol^{-1})$	3650	2745	2962	2705	2880
第四电离能/$(kJ\cdot mol^{-1})$	25 000	11 600	6190	5250	4890
离子半径 M^{3+}/Å	—	0.53	0.62	0.80	0.90
离子半径 M^{+}/Å	—	—	—	—	1.45
$E^{\ominus}_{M^{3+}/M}$/V	—	−1.66	−0.53	−0.34	0.72
$E^{\ominus}_{M^{+}/M}$/V	—	—	—	—	−0.34

本族元素的外层电子构型都是 ns^2np^1。第二电离能和第一电离能之差大于第三电离能和第二电离能之差。它们与相应惰性气体元素的外层电子构型之间的

关系却比碱金属和碱土金属要复杂得多。在失去三个外层电子后,硼和铝分别为惰性气体元素氦和氖的结构;镓和铟分别为[Ar]$3d^{10}$和[Kr]$4d^{10}$的结构。后三者都不是相应惰性气体元素的结构,所以从电离能数据来看,铝、镓之间和铟、铊之间都显示出变化的不连续性。镓、铟、铊的第一电离能并没有随原子序数的增加而依次减小,其第四电离能与第三电离能之差也远不像硼和铝之差大。产生这种现象的原因是原子核和核外电子之间不同的屏蔽效应。对于镓和铟,d 电子对核电荷的屏蔽效应较弱,随核电荷增加,有效核电荷的增强加大了核对外层电子引力。对于铊,f 电子的屏蔽效应更弱,有效核电荷的增强效应使 6s 电子更不易电离,所以铊的稳定氧化态是 +1 而非 +3。

硼族有些化合物如 B_2Cl_4、$GaCl_4$、GaS 好像具有 +2 的氧化态,但是这些化合物都是反磁性的,表明不存在未成对的单电子。这一事实与 +2 氧化态相矛盾。结构研究表明它们分别为 $Cl_2B·BCl_2$,$Ga_2^{4+}(S^{2-})_2$。

硼族元素在形成三价化合物时,只有 3 对共价电子,比稳定的惰性气体元素的 8 电子构型少一对电子,空的外层 p 轨道可接受多电子元素的配位,因此有大量负离子配合物存在,如$[BF_4]^-$、$[AlCl_4]^-$、$[InCl_4]^-$、$[TlI_4]^-$等。铝、镓、铟、铊形成的络合物的配位数并不限于 4,如$[AlCl_6]^{3-}$、$[TlI_6]^{3-}$等。

硼的同位素^{10}B和^{11}B具有核自旋量子数分别为 3 和 3/2。^{11}B的核磁共振谱在硼化学研究中十分重要。

镓在导电性能上虽然是典型的金属,其固态结构却显示出较强的共价键特征,熔点很低,具有很宽的液态温度范围,并且在液态呈 Ga_2 的双分子结构。

硼砂 $Na_2B_4O_7·10H_2O$ 或 $Na_2[B_4O_5(OH)_4]·8H_2O$ 是硼的主要来源。铝是地壳中丰度最高的元素,但从铝含量最多的铝硅酸盐中分离出铝却很困难。通常从铝的含水氧化物矿铝土矿或冰晶石 $Na_3[AlF_6]$中提取铝。将天然铝土矿加压溶解于热的氢氧化钠水溶液中而与铁(Ⅲ)氧化物分离,在溶液中加入少量 $Al_2O_3·3H_2O$ 作为晶种,冷却后将 $Al_2O_3·3H_2O$ 结晶与溶液分离后加热脱水。

硼和铝单质及化合物在工业上和化学生物领域都有广泛的应用。BH_4^- 和 AlH_4^- 是重要的还原剂。硼氢化合物的碳衍生物广泛用于有机合成中。镓、铟、铊以痕量存在于铝土矿中。这三种金属可通过电解经过富集的盐水溶液得到。由于缺电子的结构特性,硼族元素是以硅为基础的半导体材料的重要掺杂物。

(二) 习题及解答

4-1 完成并配平下列反应方程式:

$$NaAl(OH)_4 + CO_2 \longrightarrow$$

$$NaAl(OH)_4 + NH_4Cl \longrightarrow$$

$$Al + HNO_3(热浓) \longrightarrow$$
$$Na_2B_4O_7 + H_2SO_4 + H_2O \longrightarrow$$
$$NaGa(OH)_4 + CO_2 \longrightarrow$$
$$NaAl(OH)_4 + AlCl_3 \longrightarrow$$
$$AlCl_3 + Na_2S + H_2O \longrightarrow$$

解:

$$NaAl(OH)_4 + CO_2 = Al(OH)_3 + NaHCO_3$$
$$NaAl(OH)_4 + NH_4Cl = Al(OH)_3 + NaCl + NH_3 \cdot H_2O$$
$$Al + 6HNO_3(热浓) = Al(NO_3)_3 + 3NO_2 + 3H_2O$$
$$Na_2B_4O_7 + H_2SO_4 + 5H_2O = Na_2SO_4 + 4H_3BO_3$$
$$NaGa(OH)_4 + CO_2 = Ga(OH)_3 + NaHCO_3$$
$$3NaAl(OH)_4 + AlCl_3 = 4Al(OH)_3 + 3NaCl$$
$$2AlCl_3 + 3Na_2S + 6H_2O = 2Al(OH)_3 + 3H_2S + 6NaCl$$

4-2 用化学方程式表示下列物质间的转变:

$Mg_2B_2O_5 \cdot H_2O \rightarrow NaBO_2 \rightarrow Na_2[B_4O_5(OH)_4] \cdot 8H_2O \rightarrow H_3BO_3 \rightarrow B_2O_3 \rightarrow B \rightarrow BF_3 \rightarrow NaBH_4 \rightarrow NaBF_4 + B_2H_6 \rightarrow H_3BO_3$

解:

$$Mg_2B_2O_5 \cdot H_2O + 2NaOH = 2NaBO_2 + 2Mg(OH)_2$$
$$4NaBO_2 + CO_2 + 10H_2O = Na_2[B_4O_5(OH)_4] \cdot 8H_2O + Na_2CO_3$$
$$Na_2[B_4O_5(OH)_4] \cdot 8H_2O + H_2SO_4 = 4H_3BO_3 + Na_2SO_4 + 5H_2O$$
$$2H_3BO_3 \overset{\triangle}{=} B_2O_3 + 3H_2O$$
$$B_2O_3 + 3Mg \overset{\triangle}{=} 2B + 3MgO$$
$$2B + 3F_2 = 2BF_3$$
$$BF_3 + 4NaH(过量) = NaBH_4 + 3NaF$$
$$3NaBH_4 + 4BF_3 \overset{二甲基乙醚}{=\!=\!=} 2B_2H_6 + 3NaBF_4$$
$$B_2H_6 + 6H_2O = 2H_3BO_3 + 6H_2$$

4-3 如何使高温灼烧过的 Al_2O_3 转化为可溶性的 Al(Ⅲ)盐?

解:加热 $Al(OH)_3$,可脱水生成氧化铝的各种变体,在 450～500℃ 生成 γ-Al_2O_3和 η-Al_2O_3,既能溶于酸又能溶于碱;>900℃ 生成 α-Al_2O_3,不溶于酸和碱,只能用 $K_2S_2O_7$ 使之转化成可溶性的硫酸盐。

$$Al_2O_3 + 3K_2S_2O_7 = 3K_2SO_4 + Al_2(SO_4)_3$$

4-4 如何制备单质硼? 几种制法各有何特点?

解:(1) 用金属还原氧化物、硼砂:

$$3Mg + B_2O_3 \longrightarrow 2B + 3MgO$$

纯度不高,主要杂质是硼化物和氧化物。如果用酸处理,使 Mg、MgO 溶解,硼的纯度可达 95%。

(2) 电解还原:如电解熔融 KBF_4,可得纯度为 99.5% 的硼。

(3) 挥发性硼的化合物和 H_2 反应:

$$2BBr_3 + 3H_2 \longrightarrow 2B + 6HBr$$

硼的纯度达 99.9%。

(4) 硼化合物的热分解

$$2BBr_3 \xrightarrow{1100 \sim 1300℃ \text{ 铝丝}} 2B + 3Br_2$$

$$2BI_3 \xrightarrow{800 \sim 1000℃ \text{ 铝丝}} 2B + 3I_2$$

4-5 简述铝和各种酸的作用,并写出有关的反应方程式。

解:在冷、浓 H_2SO_4 中钝化,和热、浓 H_2SO_4 反应

$$2Al + 6H_2SO_4 \xrightarrow{\triangle} Al_2(SO_4)_3 + 3SO_2 + 6H_2O$$

与稀 H_2SO_4 和 HCl 的反应

$$2Al + 6H^+ \xrightarrow{\triangle} 2Al^{3+} + 3H_2$$

在冷、浓 HNO_3 中钝化,和热、浓 HNO_3 反应

$$Al + 6HNO_3 \xrightarrow{\triangle} Al(NO_3)_3 + 3NO_2 + 3H_2O$$

4-6 写出用硼砂进行硼砂珠反应的方程式。写出 $Na_4P_2O_7$、$Na_2S_2O_7$ 等焦酸盐类似于硼砂珠反应的方程式。

解:硼砂珠的制备:用 $2mol \cdot L^{-1}$ HCl 把顶端弯成小圈的镍丝洗净,在氧化焰中烧至近无色,然后用镍丝蘸上一些硼砂固体,在氧化焰中灼烧和熔融成圆珠。

$$Na_2[B_4O_5(OH)_4] \cdot 8H_2O \xrightarrow{878℃} B_2O_3 + 2NaBO_2 + 10H_2O$$

用硼砂珠可鉴定钴盐和铬盐等有色金属离子。

$$B_2O_3 + CoCl_2 \cdot 6H_2O \xrightarrow{\triangle} Co(BO_2)_2 + 2HCl(g) + 5H_2O$$

$$3B_2O_3 + 2CrCl_3 \cdot 6H_2O \xrightarrow{\triangle} 2Cr(BO_2)_3 + 6HCl(g) + 9H_2O$$

对于 $Na_4P_2O_7$

$$6Na_4P_2O_7 \xrightarrow{\triangle} P_4O_{10} + 8Na_3PO_4$$

$$P_4O_{10} + 2CoCl_2 \cdot 6H_2O \xrightarrow{\triangle} 2Co(PO_3)_2 + 4HCl(g) + 10H_2O$$

对于 $Na_2S_2O_7$

$$Na_2S_2O_7 \xrightarrow{\triangle} SO_3 + Na_2SO_4$$

$$SO_3 + CoCl_2 \cdot 6H_2O \xrightarrow{\triangle} CoSO_4 + 2HCl(g) + 5H_2O$$

4-7　如何制备无水 $AlCl_3$？能否用加热脱去 $AlCl_3 \cdot 6H_2O$ 中水的方法制备无水 $AlCl_3$？

解：无水 $AlCl_3$ 的制备方法

(1) $2Al(s) + 3Cl_2(g) \longrightarrow 2AlCl_3(s)$

(2) $Al_2O_3 + 3C + 3Cl_2 \longrightarrow 2AlCl_3 + 3CO$

因为 Al^{3+} 易水解，所以 $AlCl_3 \cdot 6H_2O$ 加热脱水不能得到无水 $AlCl_3$，而是得到 Al_2O_3 和 HCl。

$$2AlCl_3 \cdot 6H_2O \xrightarrow{\triangle} Al_2O_3 + 6HCl + 9H_2O$$

4-8　写出实现下列物质转变的反应式：$Al_2O_3 \rightarrow Al \rightarrow NaAlO_2 \rightarrow Al(OH)_3 \rightarrow NaAl(OH)_4 \rightarrow Al(OH)_3 \rightarrow Al_2(SO_4)_3 \rightarrow Na_3AlF_6$

解：

$$2Al_2O_3 \xrightarrow{\text{电解}(Na_3AlF_6, CaF_2)} 4Al + 3O_2$$

$$2Al + 2NaOH \xrightarrow{\triangle} 2NaAlO_2 + H_2$$

$$2NaAlO_2 + CO_2 + 3H_2O \longrightarrow 2Al(OH)_3 + Na_2CO_3$$

$$Al(OH)_3 + NaOH \longrightarrow NaAl(OH)_4$$

$$NaAl(OH)_4 + NH_4Cl \longrightarrow NaCl + Al(OH)_3 + NH_3 + H_2O$$

$$2Al(OH)_3 + 3H_2SO_4 \longrightarrow Al_2(SO_4)_3 + 6H_2O$$

$$Al_2(SO_4)_3 + 12NaF \longrightarrow 2Na_3AlF_6 + 3Na_2SO_4$$

4-9　举出三个反应说明硼的非金属性质。

解：(1) 与金属反应生成金属硼化物

$$2B + 3Mg \xrightarrow{\text{高温}} Mg_3B_2$$

(2) 与氧气反应生成酸性氧化物

$$4B + 3O_2 \xrightarrow{\text{燃烧}} 2B_2O_3$$

$$B_2O_3 + 3H_2O \longrightarrow 2H_3BO_3$$

(3) 被浓硝酸氧化成硼酸

$$B + HNO_3(\text{浓}) + H_2O \longrightarrow H_3BO_3 + NO$$

4-10　举例说明缺电子化合物的特性及用途。

解：B 原子的外层电子构型是 $2s^22p^1$，易以 sp^3 杂化轨道成键，形成平面三角结构的化合物，如 BF_3、$B(OH)_3$。由于缺一对电子，被称为缺电子体，易和电子给予体反应,生成电子给受体加合物。

(1) $HF + BF_3 = HBF_4$　HBF_4 是强酸,能形成 MBF_4 盐。

(2) 和 RX 生成加合物,如 BF_3 和 RX 加合生成 BF_3X^-,所以 BF_3 可作有机反应的催化剂。

(3) BF_3 水解成四配位的 BF_4^-。

4-11 举例说明吸热化合物的不稳定性。

解:生成热 $\Delta H_f^\ominus > 0$ 的化合物可称为吸热化合物,一般不稳定。如硼氢化合物硼烷 B_2H_6 的 $\Delta H_f^\ominus = 31.38 kJ \cdot mol^{-1} > 0$,所以 B_2H_6 易发生以下反应:

易燃

$$B_2H_6(g) + 3O_2(g) \xrightarrow{\triangle} B_2O_3(s) + 3H_2O$$

易水解

$$B_2H_6 + 6H_2O \longrightarrow 2H_3BO_3 + 6H_2$$

4-12 为什么 $AlCl_3 \cdot 6H_2O$ 不能作 Friedel-Crafts 反应的催化剂?

解:Friedel-Crafts 反应用缺电子体 BF_3 作催化剂

$$RX(\text{卤代烃}) + BF_3 = R^+ + BF_3X^-$$

$$R^+ + PhH(\text{芳烃}) = PhR + H^+$$

而 $AlCl_3 \cdot 6H_2O$ 中 Al(Ⅲ)周围除 3 个 Cl 外,还有 6 个 H_2O,不是缺电子体,不能起上述催化作用。

4-13 Tl(Ⅰ)的哪些化合物的性质和碱金属盐相似?哪些化合物的性质和 Ag(Ⅰ)盐相似?

解:Tl 的外层电子构型为 $6s^2 6p^1$,因惰性电子对 $6s^2$ 的影响,Tl(Ⅰ)的化合物比 Tl(Ⅲ)的化合物稳定。TlOH 易溶于水,水溶液的碱性强,水解能力弱。这些性质与碱金属氢氧化物相似。Tl_2CO_3 的性质和碱金属碳酸盐相似。不溶性 Tl(Ⅰ)盐和相应 Ag(Ⅰ)盐相似。如 TlX(除 TlF 外),TlSCN,Tl_2S 等和相应 Ag(Ⅰ)盐相似,都是难溶化合物。

4-14 有的地区用 Al(Ⅲ)化合物除去饮用水中的 F^-。这种方法的根据是什么?

解: $Al^{3+} + 3F^- = AlF_3(s)$　$AlF_3(s)$ 的 $K_{sp} = 1.0 \times 10^{-15}$ 可以将 F^- 沉淀完全。

4-15 为什么硼砂溶液具有缓冲作用?这种缓冲溶液的 pH 是多少?

解:

$$[B_4O_5(OH)_4]^{2-} + 5H_2O = 2H_3BO_3 + 2B(OH)_4^-$$

硼砂溶液中的$[B_4O_5(OH)_4]^{2-}$既是弱酸根,遇酸生成 H_3BO_3,又是弱酸,遇碱生成 $B(OH)_4^-$。

$$[B_4O_5(OH)_4]^{2-} + 3H_2O + 2H^+ = 4H_3BO_3$$

$$[B_4O_5(OH)_4]^{2-} + 5H_2O + 2OH^- = 4B(OH)_4^-$$

所以硼砂溶液是缓冲溶液。根据得到质子的物质和失去质子的物质等量的关系可得

$$[H^+]+2[H_3BO_3]=2[B(OH)_4^-]+[OH^-]$$

$$[H^+]+\frac{2[H^+][B(OH)_4^-]}{K_a}=\frac{2K_a[H_3BO_3]}{[H^+]}+\frac{K_w}{[H^+]}$$

$$[H^+]=\left[\frac{K_a(2K_a[H_3BO_3]+K_w)}{K_a+2[B(OH)_4^-]}\right]^{\frac{1}{2}}$$

H_3BO_3 的 K_a

$$K_a=7.3\times10^{-10}$$

$$K_w=1.0\times10^{-14}$$

若$[H_3BH_3]=[B(OH)_4^-]\approx0.1mol\cdot L^{-1}$

$$K_a+2[B(OH)_4^-]\approx2[B(OH)_4^-]$$

$$2K_a[H_3BH_3]+K_w\approx2K_a[H_3BH_3]$$

代入上式:

$$[H^+]=\left[\frac{K_a(2K_a[H_3BO_3]+K_w)}{K_a+2[B(OH)_4^-]}\right]^{\frac{1}{2}}\approx(K_a^2)^{\frac{1}{2}}=7.3\times10^{-10}(mol\cdot L^{-1})$$

$$pH=9.14$$

4-16 1.0g 乙硼烷和 100mL 水反应,溶液的 pH 是多少?

解:B_2H_6 和水的反应

$$B_2H_6+6H_2O=\!=\!=2H_3BO_3+6H_2$$

产生 H_3BO_3 的量(mol):

$$1.0g\ B_2H_6\times\frac{1mol\ B_2H_6}{27.6g\ B_2H_6}\times\frac{2mol\ H_3BO_3}{1mol\ B_2H_6}=0.072mol\ H_3BO_3$$

产生 H_3BO_3 的浓度$(mol\cdot L^{-1})$:

$$\frac{0.072mol}{100mL}\times\frac{1000mL}{1L}=0.72mol\cdot L^{-1}$$

设:平衡时$[H^+]$为 x

$$H_3BO_3=\!=\!=H^++H_2BO_3^-$$

$$0.72-x\quad x\quad x$$

$$K_a=\frac{[H_2BO_3^-][H^+]}{[H_3BO_3]}=7.3\times10^{-10}$$

$$\frac{x^2}{0.72-x}\approx\frac{x^2}{0.72}=7.3\times10^{-10}$$

$$[H^+] = x = 2.3 \times 10^{-5}(\text{mol}\cdot\text{L}^{-1})$$

$$\text{pH} = -\lg[H^+] = 4.64$$

4-17　“BF_3 是 BO_3^{3-} 的等电子体,结构相同。”你是怎样理解这个问题的?

解: BF_3 的外层电子有 3 + 21 = 24 个,BO_3^{3-} 的外层电子有 3 + 18 + 21 = 24 个,因此它们是等电子体。B 以 sp^2轨道分别和三个 F 或和三个 O 上的 p_x^2 电子轨道构成离域 Π_4^6 键。

4-18　比较铝和镓的下列性质:金属性,氢氧化物的酸碱性。

解: Ga 的性质和 Al 很相似,作为单质,Ga 的金属性稍弱于 Al。$Ga(OH)_3$ 是两性化合物,酸性略强于 $Al(OH)_3$。

4-19　请写出 BF_3、BCl_3 的水解反应方程式。两者水解有何不同?

解:BF_3 的水解产物有 BF_4^-、$BF_3(OH)^-$、$BF_2(OH)_2^-$、$BF(OH)_3^-$、$B(OH)_4^-$。BCl_3 的水解性质和 $SiCl_4$ 相似,产物是 $B(OH)_3$。

$$BF_3 + nH_2O = HB(OH)_nF_{4-n} + (n-1)HF \qquad n = 0,1,2,3,4$$

$$BCl_3 + 3H_2O = B(OH)_3 + 3HCl$$

4-20　写出用 ROH(醇)和 H_2SO_4 检验硼酸的反应式。如果原溶液中是 $Na_2B_4O_5(OH)_4$,能否发生上述反应?

解:

$$B(OH)_3 + 3ROH \xrightarrow{H_2SO_4(浓)} B(OR)_3 + 3H_2O$$

硼酸酯 $B(OR)_3$ 易燃,燃烧时呈绿色火焰。硼砂 $Na_2B_4O_5(OH)_4$ 和酸反应可得到硼酸,所以也可以发生这个反应。

$$Na_2B_4O_5(OH)_4 + H_2SO_4 + 3H_2O = 4B(OH)_3 + Na_2SO_4$$

4-21　有一种 p 区元素,其白色氯化物溶于水后得到透明的溶液。此溶液和碱作用得白色沉淀,沉淀能溶于过量的碱。问这种白色化合物可能是何种元素的氯化物?如何进一步加以确证。

解:可能是 $AlCl_3$ 或 $GaCl_3$。加入 NaOH 得到 $Al(OH)_3$ 或 $Ga(OH)_3$。由于 $Ga(OH)_3$酸性较强,明显溶解于 $NH_3\cdot H_2O$,而 $Al(OH)_3$ 不溶解于 $NH_3\cdot H_2O$,可以区别两者。

4-22　有一硼氢化合物,元素含量为 B 89.56%,H 10.44%,测得其相对分子质量为 212.7,熔点为 450～451.5K。试确定该硼氢化合物的分子式及存在形式。

解:设该硼氢化合物的分子式为 B_xH_y

查得:　B　$10.81\text{g}\cdot\text{mol}^{-1}$;　　H　$1.01\text{g}\cdot\text{mol}^{-1}$

$$\frac{10.81x}{212.7} = 89.56\% \qquad \frac{1.01y}{212.7} = 10.44\%$$

$$x \approx 18 \qquad y \approx 22$$

即该硼氢化合物的分子式为 $B_{18}H_{22}$,根据它的熔点可知其以固体形式存在。

4-23 BF_3 和 NH_3 混合后生成一白色固体，其组成为 19.93% NH_3 和 12.72% B。若 1000g 水中溶有此白色固体 8.15g 后，所得溶液的凝固点比水下降了 0.001 79℃。此白色固体的化学式和结构怎样？

解：查得水的凝固点下降常数为 $K_f = 1.86\text{kg}\cdot\text{K}\cdot\text{mol}^{-1}$

溶剂的质量 $W_1 = 1000\text{g}$，溶质的质量 $W_2 = 8.15\text{g}$。$\Delta T_f = 0.001\ 79℃ = 0.001\ 79\text{K}$

$$\Delta T_f = K_f \times \frac{W_2}{M} \times \frac{1}{W_1} \times 1000$$

$$\begin{aligned} M &= K_f \times \frac{1000 \times W_2}{\Delta T_f \times W_1} \\ &= 1.86\text{kg}\cdot\text{K}\cdot\text{mol}^{-1} \times \frac{8.15\text{g}}{0.001\ 79\text{K} \times 1000\text{g}} \times 1000\text{g}\cdot\text{kg}^{-1} \\ &= 8469\text{g}\cdot\text{mol}^{-1} \end{aligned}$$

设此白色固体的组成为 $(BF_3)_x(NH_3)_y$

查得： B $10.81\text{g}\cdot\text{mol}^{-1}$； NH_3 $17.03\text{g}\cdot\text{mol}^{-1}$

$$\frac{10.81x}{8469} = 12.72\% \qquad \frac{17.03y}{8469} = 19.93\%$$

$$x = 99.65 \qquad y = 99.11$$

化合物的化学式为 $(BF_3\cdot NH_3)_{100}$

结构式可能为：

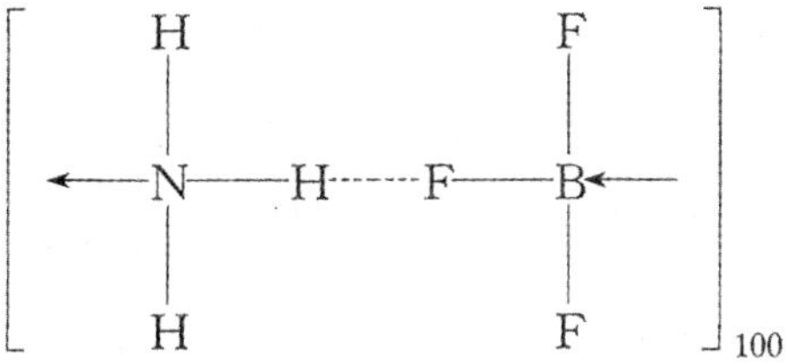

4-24 在定性分析时，溶于过量 NaOH 溶液的 $Al(OH)_4^-$ 在 NH_4Cl 中沉淀为 $Al(OH)_3$，该沉淀经加热后为什么不易溶于 HAc？遇此情况应如何处理？

解：$Al(OH)_3$ 沉淀经加热后会因为部分生成 Al_2O_3 而不溶于 HAc？可用 NaOH 溶解后再加 HAc 中和。

$$Al(OH)_3 + NH_4^+ + 3HAc = Al^{3+} + NH_3 + 3H_2O$$

4-25 0.250 mmol $Al(OH)_3$ 溶解于 1.00mL $3.00\text{mol}\cdot\text{L}^{-1}$ HCl(aq)中，(1)若要中和过量的 HCl 需要加 $6.00\ \text{mol}\cdot\text{L}^{-1}$的 NH_3(aq)多少毫升？(2)当溶液呈中性后 $Al(OH)_3$ 会重新沉淀吗？

解：(1) 1.00mL $3.00\text{mol}\cdot\text{L}^{-1}$ HCl(aq)中有 3.00mmol HCl，溶解反应所需 HCl 为

$$0.250\text{mmol Al(OH)}_3 \times \frac{3\text{mmol H}^+}{1\text{mmol Al(OH)}_3} \times \frac{1\text{mmol HCl}}{1\text{mmol H}^+} = 0.750\text{mmol HCl}$$

过量 HCl 为

$$3.00\text{mmol} - 0.750\text{mmol} = 2.25\text{mmol HCl}$$

中和这些 HCl 所需 $6.00\text{mol}\cdot\text{L}^{-1}$ NH_3(aq)体积为

$$NH_3 + HCl \xlongequal{} NH_4Cl$$

$$2.25\text{mmol HCl} \times \frac{1\text{mmol NH}_3}{1\text{mmol HCl}} \times \frac{1.00\text{mL NH}_3}{6.00\text{mmol NH}_3} = 0.375\text{mL NH}_3\text{(aq)}(\text{约 7 滴})$$

(2) 溶液的总体积为 1.00mL + 0.375mL = 1.38mL

$$[\text{Al}^{3+}] = \frac{0.250\text{mmol}}{1.38\text{mL}} = 0.182\text{mmol/mL} = 0.182\text{mol}\cdot\text{L}^{-1}$$

中性溶液

$$[\text{OH}^-] = 1.00 \times 10^{-7}$$

$$Q = [\text{Al}^{3+}][\text{OH}^-]^3 = 0.182 \times (1.00 \times 10^{-3})^3$$

$$= 1.82 \times 10^{-22} > 1.3 \times 10^{-33} = K_{sp[\text{Al(OH)}_3]}$$

所以溶液呈中性后又会有 $Al(OH)_3$ 沉淀析出。

第五章　碳族元素

(一) 概　　述

元素周期表中第Ⅳ(A)族——碳族元素(carbon group)的变化规律和硼族元素类似。碳和硅是非金属，从锗到铅金属性依次增强。本族所有元素都有+4价和+2价化合物，随原子序数的增加，+4价化合物稳定性降低，+2价化合物稳定性增高。含二价碳的碳烯只能作为某些反应的中间产物存在，二卤化硅只在高温稳定存在，二价锗和二价锡可以稳定存在，而二价铅则是铅的稳定氧化态，这是因为铅和铊相似，都有惰性的 $6s^2$ 电子。

碳族元素的一些重要性质列于表5.1。

表5.1　碳族元素的一些重要性质

元素	C	Si	Ge	Sn	Pb
原子序数	6	14	32	50	82
电子构型	[He] $2s^2 2p^2$	[Ne] $3s^2 3p^2$	[Ar] $4s^2 4p^2$	[Kr] $5s^2 5p^2$	[Xe] $4f^{14} 5d^{10} 6s^2 6p^2$
原子半径/Å	0.77	1.17	1.22	1.40	1.75
气态原子化 $\Delta H^{\ominus}/(kJ \cdot mol^{-1})$	715	452	372	301	197
熔点/℃	>3550	1410	937	232	327
沸点/℃	4827	2355	2830	2260	1744
第一电离能/$(kJ \cdot mol^{-1})$	1086	786	760	707	715
第二电离能/$(kJ \cdot mol^{-1})$	2360	1575	1540	1415	1450
第三电离能/$(kJ \cdot mol^{-1})$	4620	3220	3310	2950	3090
第四电离能/$(kJ \cdot mol^{-1})$	6220	4350	4420	3830	4080
离子半径 M^{2+}/Å	—	—	—	0.93	1.18
$E^{\ominus}_{M^{2+}/M}$/V	—	—	—	−0.14	−0.13
$E^{\ominus}_{M^{4+}/M^{2+}}$/V	—	—	—	0.15	1.7
Pauling 电负性	2.5	1.9	2.0	2.0	2.3

从表 5.1 可以看出,由于 d 电子和 f 电子对核的屏蔽效应减弱,锗和铅有相对较高的第三和第四电离能,第三和第二电离能之差也比较大。虽然有 +4 价的氧化态,但并无数据证明存在 +4 价的离子。本族中只有锡和铅存在 +2 价离子的典型反应。碳在与其他元素结合时最外层电子最多是 8 个,而本族其他元素最外层都有空的 d 轨道。所以碳及其化合物比较特殊。共价键能的实验数据表明,C—C 和 C—H 键能比 Si—Si 和 Si—H 键能大得多。C—F,C—Cl,C—O 键则比相应硅键弱。这是因为硅和后面的元素均有可容纳电子的空 d 轨道,形成较稳定的 p-dπ 键。此外,碳原子的 2p 电子相互重叠程度较大。所以碳以 C—C、C═C、C≡C 和 C—H 为基础的化合物构成了大量的有机化合物。

碳单质通常以金刚石和石墨的形式存在于自然界。碳化合物是生物体的重要组成部分,并广泛存在于煤、石油、天然气、大气和白垩、石灰石等矿物中。20 世纪 80 年代以来,人们又发现了以足球形状的富勒烯 C_{60} 和碳纳米管为代表的全碳分子。这类碳分子组成单一,结构奇特,开辟了碳化学新的领域,有重要的理论意义和应用前景。硅是地壳中丰度仅次于氧的元素,主要以二氧化硅和硅酸盐的形式存在。锗、锡、铅相对比较稀少,痕量锗存在于煤中,在烟道尘中以 GeO_2 累积。锡和铅单质较易从它们的矿物如锡石(SiO_2)和方铅矿(PbS)中分离而得,在古代已被人们使用。

(二) 习题及解答

5-1 完成并配平下列反应方程式:

$$C + H_2SO_4(浓) \longrightarrow$$

$$Na_2CO_3 + Al_2(SO_4)_3 + H_2O \longrightarrow$$

$$NaHCO_3 + Al_2(SO_4)_3 \longrightarrow$$

$$Sn(OH)_3^- + Bi^{3+} + OH^- \longrightarrow$$

$$SnCl_2 + FeCl_3 \longrightarrow$$

$$Sn(OH)_3^- \longrightarrow$$

$$CuSO_4 + Na_2CO_3 + H_2O \longrightarrow$$

$$Pb_3O_4 + HNO_3 \longrightarrow$$

$$Pb_3O_4 + HCl(浓) \longrightarrow$$

$$Sn + HNO_3(浓) \longrightarrow$$

$$Pb + HNO_3 \longrightarrow$$

解:

$$C + 2H_2SO_4(浓) = CO_2 + 2SO_2 + 2H_2O$$

$$3Na_2CO_3 + Al_2(SO_4)_3 + 3H_2O = 2Al(OH)_3 + 3CO_2 + 3Na_2SO_4$$

$$6NaHCO_3 + Al_2(SO_4)_3 = 2Al(OH)_3 + 6CO_2 + 3Na_2SO_4$$
$$3Sn(OH)_3^- + 2Bi^{3+} + 9OH^- = 3Sn(OH)_6^{2-} + 2Bi$$
$$SnCl_2 + 2FeCl_3 = SnCl_4 + 2FeCl_2$$
$$2Sn(OH)_3^- = Sn(OH)_6^{2-} + Sn$$
$$2CuSO_4 + 2Na_2CO_3 + H_2O = Cu_2(OH)_2CO_3 + 2Na_2SO_4 + CO_2$$
$$Pb_3O_4 + 4HNO_3 = PbO_2 + 2Pb(NO_3)_2 + 2H_2O$$
$$Pb_3O_4 + 11HCl(浓) = 3HPbCl_3 + Cl_2 + 4H_2O$$
$$Sn + 4HNO_3(浓) = SnO_2 \cdot H_2O + 4NO_2$$
$$Pb + 4HNO_3 = Pb(NO_3)_2 + 2NO_2 + 2H_2O$$

5-2　写出 Si 和 NaOH 作用的反应方程式。

解：
$$Si + 2NaOH + H_2O = Na_2SiO_3 + 2H_2$$

5-3　用方程式表示 Na_2SiO_3 分别同 NH_4Cl，HCl，CO_2 的反应。

解：
$$Na_2SiO_3 + 2NH_4Cl = H_2SiO_3 + 2NaCl + 2NH_3$$
$$Na_2SiO_3 + 2HCl = H_2SiO_3 + 2NaCl$$
$$Na_2SiO_3 + CO_2 + H_2O = H_2SiO_3 + Na_2CO_3$$

5-4　完成下列物质间的转换。

（1）$SiO_2 \rightarrow Si \rightarrow Na_2SiO_3$

$Si \rightarrow SiHCl_3$

$Si \rightarrow SiCl_4$

（2）$SiO_2 \rightarrow Na_2SiO_3 \rightarrow SnO_2 \cdot H_2O$

$SiO_2 \rightarrow SiCl_4 \rightarrow Si$

$SiO_2 \rightarrow SiF_4 \rightarrow Na_2SiF_6$

解：

（1）$SiO_2 + 2Mg \xrightarrow{高温} Si + 2MgO$

$SiO_2 + 2C \xrightarrow{3273K} Si + 2CO$

$Si + 2NaOH + H_2O \longrightarrow Na_2SiO_3 + 2H_2$

$Si + 3HCl(g) \xrightarrow{523 \sim 573K} SiHCl_3 + H_2$

$Si + 4HCl(g) \xrightarrow{>573K} SiCl_4 + 2H_2$

（2）$SiO_2 + Na_2CO_3 \xrightarrow{共熔} Na_2SiO_3 + CO_2$

$Na_2SiO_3 + 2HCl \longrightarrow SiO_2 \cdot H_2O + 2NaCl$

$SiO_2 + 2C + 2Cl_2 \xrightarrow{\triangle} SiCl_4 + 2CO_2$

$$SiCl_4 + 2H_2 \xrightarrow{\text{高温,钼丝}} Si + 4HCl$$

$$SiO_2 + 4HF \longrightarrow SiF_4 + 2H_2O$$

$$3SiF_4 + 2Na_2CO_3 + 2H_2O \longrightarrow 2Na_2SiF_6 + H_4SiO_4 + 2CO_2$$

5-5　写出下列各物质所起的化学反应式。

(1) $SnCl_2$ 与 $FeCl_3$ 作用;(2) $SnCl_4$ 与 H_2O 作用;(3) PbO_2与 H_2O_2 在酸性条件下反应;(4) PbS 溶解在 HNO_3 中;(5) Pb_3O_4 与过量的 HI 作用。

解:

(1) $SnCl_2 + 2FeCl_3 \xlongequal{} 2FeCl_2 + SnCl_4$

(2) $3SnCl_4 + 4H_2O \xlongequal{} SnO_2 \cdot H_2O + 2H_2SnCl_6$

(3) $PbO_2 + H_2O_2 + 2H^+ \xlongequal{} Pb^{2+} + 2H_2O + O_2$

(4) $3PbS + 8HNO_3 \xlongequal{} 3Pb(NO_3)_2 + 3S + 2NO + 4H_2O$

或 $3PbS + 14HNO_3 \xlongequal{} 3Pb(NO_3)_2 + 3H_2SO_4 + 8NO + 4H_2O$

(5) $Pb_3O_4 + 8HI \xlongequal{} 3PbI_2 + I_2 + 4H_2O$

当 HI 溶液较浓并过量时

$$PbI_2 + 4HI \xlongequal{} [PbI_4]^{2-} + 4H^+$$

5-6　铅能耐 H_2SO_4 和 HCl 的腐蚀吗？为什么？

解: Pb 与稀 H_2SO_4 和 HCl 反应的产物 $PbSO_4$ 和 $PbCl_2$ 是难溶化合物,附着在金属 Pb 的表面阻碍反应的进行。而在浓 H_2SO_4 和浓 HCl 中,因生成可溶性的化合物而反应继续进行。所以铅能耐稀 H_2SO_4 和 HCl 的腐蚀而不耐浓 H_2SO_4 和浓 HCl 的腐蚀。

$$Pb + 2H^+ + SO_4^{2-} \xlongequal{} PbSO_4(s) + H_2(g)$$

$$Pb + 2H^+ + 2Cl^- \xlongequal{} PbCl_2(s) + H_2(g)$$

$$Pb + 4H^+ + 2SO_4^{2-} \xlongequal{} Pb^{2+} + 2HSO_4^- + H_2(g)$$

$$Pb + 2H^+ + 3Cl^- \xlongequal{} PbCl_3^- + H_2(g)$$

5-7　(1) 在酸性溶液中 PbO_2, $NaBiO_3$ 是强氧化剂,都能把 Cl^- 氧化成 Cl_2。写出反应方程式。(2) 应在什么介质中制备 PbO_2 和 $NaBiO_3$？写出反应方程式。

解:

(1)

$$PbO_2 + 5HCl \xlongequal{} HPbCl_3 + Cl_2 + 2H_2O$$

$$NaBiO_3 + 6HCl \xlongequal{} NaCl + BiCl_3 + Cl_2 + 3H_2O$$

(2) 应在碱性介质中制备 PbO_2 和 $NaBiO_3$

$$Pb^{2+} + Cl_2 + 4OH^- \xlongequal{} PbO_2 + 2Cl^- + 2H_2O$$

$$Bi^{3+} + Cl_2 + 6OH^- \xlongequal{} BiO_3^- + 2Cl^- + 3H_2O$$

5-8　(1) 写出蓄电池充电、放电过程的反应方程式。(2) 根据电池内 H_2SO_4

的浓度的增加和减少可以判断充电、放电的程度吗？

解：

(1) $$2PbSO_4 + 2H_2O \underset{放电}{\overset{充电}{\rightleftharpoons}} PbO_2 + Pb + 2H_2SO_4$$

(2) 由反应方程式可知，可以根据电池内 H_2SO_4 的浓度的增加和减少来判断充电、放电的程度。

5-9 Pb(Ⅱ)有哪些难溶盐？在什么条件下这些盐会溶解？

解：Pb(Ⅱ)的难溶盐有 $PbCl_2$，PbS，$PbSO_4$，$PbCrO_4$，$PbCO_3$ 和 PbC_2O_4。

Pb^{2+} 的盐溶液和中等浓度的 HCl 反应生成白色 $PbCl_2(s)$，该沉淀溶于热水和浓 HCl。

Pb(Ⅱ)的盐溶液中通入 H_2S 气体得到黑色 PbS(s)，该沉淀溶于酸。

Pb^{2+} 的盐溶液和中等浓度的 H_2SO_4 反应生成白色 $PbSO_4(s)$，该沉淀溶于浓 H_2SO_4 和饱和 NH_4Ac 溶液。

$$PbSO_4(s) + 3Ac^- = [Pb(Ac)_3]^- + SO_4^{2-}$$

Pb^{2+} 的盐溶液中通入 CO_2 气体得到白色 $PbCO_3(s)$，该沉淀溶于酸。

Pb^{2+} 的盐溶液与 K_2CrO_4 或 $K_2Cr_2O_7$ 反应生成黄色的 $PbC_2O_4(s)$，该沉淀溶于碱。

$$PbC_2O_4(s) + 3OH^- = Pb(OH)_3^- + SO_4^{2-}$$

5-10 泡沫灭火剂的主要成分是 $Al_2(SO_4)_3$ 和 $NaHCO_3$ 的浓溶液。有人建议：(1)用固体 $NaHCO_3$ 代替 $NaHCO_3$ 浓溶液；(2)用价格更便宜的 Na_2CO_3(和 $NaHCO_3$ 等浓度等体积)溶液。请评价这两个建议。

解：(1) 泡沫灭火剂的原理是 $Al_2(SO_4)_3$ 和 $NaHCO_3$ 反应生成 CO_2。如果用 $NaHCO_3$ 固体和 $Al_2(SO_4)_3$ 作用，生成的 $Al(OH)_3$ 附在 $NaHCO_3$ 表面，会阻碍反应进行。不宜采用。

(2) $Al_2(SO_4)_3$ 和 $NaHCO_3$ 反应：$Al_2(SO_4)_3$ 和 $NaHCO_3$ 之比是 1∶3

$$Al^{3+} + 3HCO_3^- = Al(OH)_3 + 3CO_2$$

而 $Al_2(SO_4)_3$ 和 Na_2CO_3 反应：$Al_2(SO_4)_3$ 和 Na_2CO_3 之比是 2∶3

$$2Al^{3+} + 3CO_3^{2-} + 3H_2O = 2Al(OH)_3 + 3CO_2$$

用等物质的量的 Na_2CO_3 代替 $NaHCO_3$ 需要消耗更多的 $Al_2(SO_4)_3$，并不经济。

5-11 如何制备 α-锡酸和 β-锡酸？这两种锡酸的化学性质有何不同？Sn^{4+} 盐溶液和碱液反应或 $SnCl_4$ 水解都得到 α-锡酸。

解：

$$SnCl_4 + 4OH^- = Sn(OH)_4 + 4Cl^-$$

$$SnCl_4 + 6H_2O = H_2Sn(OH)_6 + 4HCl$$

Sn 和浓 HNO_3 作用得到 β-锡酸

$$Sn + 4HNO_3 + (x-2)H_2O = SnO_2 \cdot xH_2O + 4NO_2$$

α-锡酸能溶于酸和碱溶液，β-锡酸不溶于酸和碱溶液。

5-12 (1)怎样制备硫代锡酸盐？(2)怎样分离 $PbCrO_4$ 和 $PbSO_4$？怎样分离 $PbCrO_4$ 和 $BaCrO_4$？

解：(1) 用 SnS 和 S_2^{2-} 作用或用 SnS_2 和 S^{2-} 作用

$$SnS + S_2^{2-} = [SnS_3]^{2-}$$

$$SnS_2 + S^{2-} = [SnS_3]^{2-}$$

(2) 分离 $PbCrO_4$ 和 $PbSO_4$ 用 NH_4Ac 溶液

$$PbSO_4 + 3Ac^- = [Pb(Ac)_3]^- + SO_4^{2-} \text{(PbCrO}_4\text{ 不溶)}$$

分离 $PbCrO_4$ 和 $BaCrO_4$ 用浓碱溶液

$$PbCrO_4 + 3OH^- = Pb(OH)_3^- + CrO_4^{2-} \text{(BaCrO}_4\text{ 不溶)}$$

5-13 写出 $SiCl_4$、SiF_4 的水解方程式。两者的水解有何不同？

解：

$$SiCl_4 + 4H_2O = Si(OH)_4 + 4HCl$$

$$SiF_4 + 4H_2O = Si(OH)_4 + 4HF$$

SiF_4 的水解反应是可逆的，水解不完全。而 $SiCl_4$ 水解完全。

气相 SiF_4(沸点 −95.7℃)在水量较少的条件下水解，则生成氟硅酸

$$3SiF_4 + 2H_2O = 2H_2SiF_6 + SiO_2$$

5-14 除去酒中酸味的一种方法是：把烧热的铅投入酒中，加盖。第二天，酒的酸味消失并具有甜味。(1)请写出有关的化学反应式；(2)请评价这种方法。

解：(1) $Pb + \frac{1}{2}O_2 = PbO$

$$PbO + 2HAc = Pb(Ac)_2 + H_2O$$

(2) $Pb(Ac)_2$ 有甜味，这种方法在酒中引入了有毒的 $Pb(Ac)_2$，因此不可取。

5-15 比较金刚石和石墨的结构和性质。怎样测定金刚石和石墨相互间转化的能量？

	金刚石	石墨
结构	每个 C 原子以 sp^3 杂化轨道和四个 C 原子结合成四面体骨架状结构	每个 C 原子以 sp^2 杂化轨道和三个 C 原子结合成二维层状结构
性质	硬度和熔点高，不导电	硬度和熔点低，可导电

解：可用以下方法间接测定金刚石和石墨间相互转化的能量

$$C_{石墨} + O_2 = CO_2(g) \qquad \Delta G^\ominus = -394.4\text{kJ}\cdot\text{mol}^{-1}$$
$$-)\quad C_{金刚石} + O_2 = CO_2(g) \qquad \Delta G^\ominus = -397.3\text{kJ}\cdot\text{mol}^{-1}$$

$$C_{石墨} = C_{金刚石} \qquad \Delta G^\ominus = 2.9\text{kJ}\cdot\text{mol}^{-1}$$

5-16 写出下列三种物质的等电子体:CO、CO_2、$Sn(OH)_6^{2-}$。

解:CO 的等电子体:N_2,CN^-,NO^+,C_2^{2-}

CO_2 的等电子体:N_2O,CN_2^{2-},OCN^-,N_3^-,NO_2^+

$Sn(OH)_6^{2-}$ 的等电子体:$Sb(OH)_6^-$,$Te(OH)_6$,$IO(OH)_5$

5-17 $2CO_2 + Na_2SiO_3 + 2H_2O = H_2SiO_3 + 2NaHCO_3$

$$Na_2CO_3 + SiO_2 = Na_2SiO_3 + CO_2\uparrow$$

前一个反应是 CO_2 和 Na_2SiO_3 作用生成 H_2SiO_3,后一个反应是 SiO_2 从 Na_2CO_3 中置换出 CO_2。两个反应都可以进行,请解释原因。

解:
$$2CO_2 + 2H_2O = 2HCO_3^- + 2H^+ \qquad K_1 = K_{a_1(H_2CO_3)}{}^2$$
$$+)\quad SiO_3^{2-} + 2H^+ = H_2SiO_3 \qquad K_2 = [K_{a_1}K_{a_2(H_2SiO_3)}]^{-1}$$

$$2CO_2 + SiO_3^{2-} + 2H_2O = H_2SiO_3 + 2HCO_3^-$$

$$K = K_1K_2 = \frac{(4.3\times10^{-7})^2}{2.2\times10^{-10}\times2.0\times10^{-12}} = 4.2\times10^8$$

计算 K 值表明这个反应可以进行完全。

$$SiO_2 + H_2O = SiO_3^{2-} + 2H^+ \qquad K_1 = K_{a_1}K_{a_2(H_2SiO_3)}$$
$$-)\quad CO_2 + H_2O = CO_3^{2-} + 2H^+ \qquad K_2 = K_{a_1}K_{a_2(H_2CO_3)}$$

$$CO_3^{2-} + SiO_2 = SiO_3^{2-} + CO_2\uparrow$$

$$K = \frac{K_1}{K_2} = \frac{2.2\times10^{-10}\times2.0\times10^{-12}}{4.3\times10^{-7}\times5.6\times10^{-11}} = 1.8\times10^{-5}$$

在水溶液中因 H_2CO_3 的酸性强于 H_2SiO_3,所以 CO_2 和 Na_2SiO_3 反应生成 H_2SiO_3。第二个反应虽然平衡常数较小,由于产物 CO_2 气体不断逸出促使反应能够进行。

5-18 写出 Si 和 HF 反应的方程式。为什么强酸 HCl 反而不和 SiO_2 反应?

解:
$$SiO_2 + 4HF = SiF_4 + 2H_2O$$

因为 Si—Cl 键能(381kJ·mol^{-1})远弱于 Si—F 键能(565kJ·mol^{-1}),所以 HCl 不和 SiO_2 作用。

5-19 画出两个[SiO_4]以角氧相连成环状的结构。并写出它们的化学式。

解:

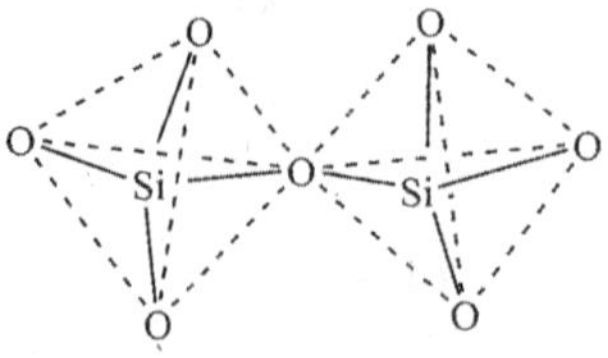

$Si_2O_7^{6-}$

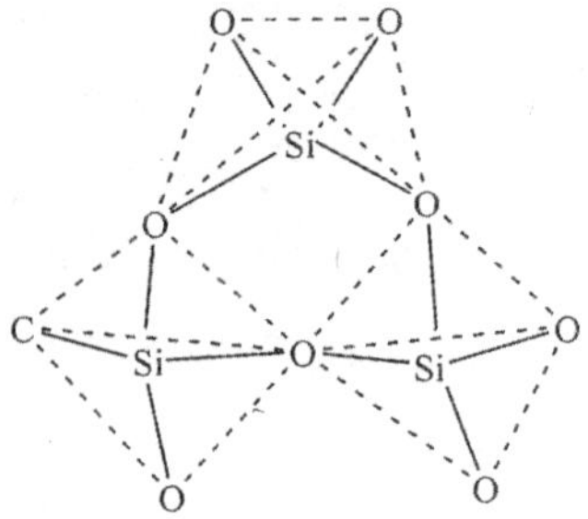

$Si_3O_9^{6-}$

5-20　如何配制 $SnCl_2$ 的水溶液？为什么要往 $SnCl_2$ 溶液中加锡粒？溶液中加锡粒后放置过程中，Sn^{2+} 的浓度和酸度如何改变？

解: 因为 $SnCl_2$ 在水溶液中易水解，并且水解产物不溶于 HCl，所以要在浓盐酸中配制 $SnCl_2$ 溶液以防水解发生。配制 0.5mol·L^{-1} $SnCl_2$ 水溶液的具体方法是：称量 115g $SnCl_2 \cdot 2H_2O$，溶解于 170mL 浓盐酸中，再用水将该溶液稀释至 1L。

$$SnCl_2 + H_2O = Sn(OH)Cl(s) + HCl$$

因为 Sn^{2+} 是强还原剂，在空气中可被 O_2 氧化成 Sn^{4+}，所以要在配制好的 $SnCl_2$ 溶液中加入若干锡粒，以保持溶液中以 Sn^{2+} 为主。

$$2Sn^{2+} + O_2 + 4H^+ = 2Sn^{4+} + 2H_2O$$

$$Sn^{4+} + Sn = 2Sn^{2+}$$

在放置过程中，由于以上反应，H^+ 浓度会减少，而 Sn^{2+} 浓度则基本维持不变。

5-21　已知反应 $PbO_2 + 4H^+ + 2e = Pb^{2+} + 2H_2O$ 的 $E_1^\ominus = 1.46V$，求反应 $PbO_2 + 4H^+ + 2e + SO_4^{2-} = PbSO_4 + 2H_2O$ 的 $E_2^\ominus$。

解:　$PbO_2 + 4H^+ + 2e = Pb^{2+} + 2H_2O$　　$\Delta G_1^\ominus = -nFE_1^\ominus$　$E_1^\ominus = 1.46V$

+)　$Pb^{2+} + SO_4^{2-} = PbSO_4(s)$　　$\Delta G_2^\ominus = -2.30RT\ \lg(1/K_{sp})$

$PbO_2 + 4H^+ + 2e + SO_4^{2-} = PbSO_4 + 2H_2O$　　$\Delta G^\ominus = \Delta G_1^\ominus + \Delta G_2^\ominus = -nFE^\ominus$

$$E^\ominus = E_1^\ominus - \frac{2.30RT}{nF}\lg K_{sp} = 1.46 - \frac{0.059}{2}\lg(1.82\times10^{-8}) = 1.69(V)$$

5-22　有人认为：CO 是甲酸的酸酐，有何根据？

解: 根据 ① HCOOH 被浓 H_2SO_4 脱水生成 CO；② 加压下，CO 和 NaOH 反应生成甲酸钠 HCOONa。

5-23　Sn 能置换 Pb^{2+}，计算达平衡时溶液中 $[Sn^{2+}]/[Pb^{2+}]$ 值。

解： $Pb^{2+}(aq)+2e = Pb(s)$ $\Delta G_1^\ominus = -nFE_1^\ominus$ $E_1^\ominus = -0.126V$

$-)$ $Sn^{2+}(aq)+2e = Sn(s)$ $\Delta G_2^\ominus = -nFE_2^\ominus$ $E_2^\ominus = -0.14V$

$Pb^{2+}(aq)+Sn(s) = Pb(s)+Sn^{2+}(aq)$ $\Delta G_2^\ominus = -2.30RT\lg K$

$$\Delta G^\ominus = \Delta G_1^\ominus - \Delta G_2^\ominus$$

$$\lg K = \frac{nF}{2.30RT}(E_1^\ominus - E_2^\ominus) = \frac{2}{0.059}[-0.126-(-0.14)] = 0.475$$

$$K = 3.0$$

$$[Sn^{2+}]/[Pb^{2+}] = K = 3.0$$

5-24 为什么 Sn 和 HCl(aq)作用生成 $SnCl_2$，而 Sn 和 Cl_2 作用，即使 Sn 过量也生成 $SnCl_4$？

解：因为 $E^\ominus_{Sn^{2+}/Sn} = -0.14V < E^\ominus_{H^+/H_2} = 0.00V$

$E^\ominus_{Sn^{4+}/Sn^{2+}} = 0.14V > E^\ominus_{H^+/H_2} = 0.00V$

所以 Sn 可被 H^+ 氧化成 Sn^{2+} 而不能被 H^+ 氧化成 Sn^{4+}。

$$Sn(s)+2HCl(aq) = SnCl_2(aq)+H_2(g)$$

因为 $E^\ominus_{Cl_2/Cl^-} = 1.36\ V > E^\ominus_{Sn^{4+}/Sn^{2+}} = 0.14V$

所以 Sn 和 Sn^{2+} 均可被 Cl_2 氧化成 Sn^{4+}。

$$Sn(s)+Cl_2(aq) = SnCl_2(aq)$$

$$SnCl_2(aq)+Cl_2(aq) = SnCl_4(aq)$$

5-25 (1) 根据存在 MF_6^{2-}(M 为 Si,Ge,Sn,Pb)，而不存在 CF_6^{2-} 的事实，能否说明Ⅳ(A)族中除碳外其他元素成键时都有 d 轨道参与？(2) 举出Ⅴ(A)～Ⅵ(A)族元素的类似性质(指生成 MF_6^{n-})，并推测Ⅲ(A)族元素硼(Ⅲ)和 F^-，Al^{3+} 和 F^- 结合时的最大配位数。写出它们的化学式。

解：(1) 在Ⅳ(A)族中 C 是第二周期元素，与其他原子结合时最大成键数是 4，即以 sp^3 杂化轨道成键，所以不能形成 CF_6^{2-}；同族其他元素均有空 d 轨道，能以 sp^3d^2 轨道成键，形成配位数为 6 的 MF_6^{2-}。

(2) Al(Ⅲ)、P(Ⅴ)、S(Ⅵ)等和Ⅳ(A)族的 M(Ⅳ)为等电子体且周期为第三周期以上，能以 sp^3d^2 轨道成键，形成配位数为 6 的 MF_6^{n-}。化学式为 AlF_6^{3-}，PF_6^-，SF_6；B(Ⅲ)是第二周期元素，最大配位数是 4，可推测有 BF_4^- 存在。

5-26 如何鉴别和分离(1) CO 和 H_2；(2) CO 和 CO_2？

解：(1) CO 和 H_2

鉴别：CO 通入 $PdCl_2$ 产生金属 Pd 黑色沉淀，而常温下 H_2 通入 $PdCl_2$ 无反应。

$$CO+PdCl_2+H_2O = CO_2+2HCl+Pd(s)$$

分离:CO 和 H_2 混合气体通过 CuCl 的 HCl 溶液,CO 被吸收,H_2 不被吸收。加热 CuCl·2CO 时 CO 又被释放出来。

$$2CO + CuCl(HCl) = CuCl \cdot 2CO$$

(2) CO 和 CO_2

鉴别:将该气体通入 $Ca(OH)_2$ 的澄清液中,如果有沉淀生成证明是 CO_2,无沉淀生成则是 CO。

$$Ca(OH)_2 + CO_2 = CaCO_3 + H_2O$$

分离:将混合气体通过碱液,CO_2 被吸收,CO 不被吸收。将所得碳酸盐溶液用稀强酸中和或溶解,使 CO_2 重新释放出来。

$$2NaOH + CO_2 = Na_2CO_3 + H_2O$$

$$Ca(OH)_2 + CO_2 = CaCO_3 + H_2O$$

5-27　有一瓶白色固体,可能含有 $SnCl_2$、$SnCl_4$、$PbCl_2$、$PbSO_4$ 等化合物,根据以下实验现象判断哪几种物质确实存在,并用反应式表示实验现象。

(1)白色固体用水处理得到一乳浊液 A 和不溶固体 B;(2)乳浊液 A 中加入少量 HCl 则澄清,滴加碘一淀粉溶液可以褪色;(3)固体 B 易溶于 HCl,通 H_2S 得黑色沉淀,此沉淀与 H_2O_2 反应后又生成白色沉淀。

解:现象(1)说明 A 可能是 $SnCl_2$ 或 $SnCl_4$ 的水解产物,B 可能是不溶于水的 $PbCl_2$ 或 $PbSO_4$。现象(2)证明 A 是 $SnCl_2$ 的水解产物。由现象(3)可知 B 是 $PbCl_2$。所以这瓶白色固体是 $SnCl_2$ 和 $PbCl_2$ 的混合物。

有关现象的反应式为

(1) $SnCl_2 + H_2O = Sn(OH)Cl + HCl$

(2) $Sn(OH)Cl + HCl = SnCl_2 + H_2O$

$Sn^{2+} + I_2 = Sn^{4+} + 2I^-$

(3) $PbCl_2 + 2HCl = H_2[PbCl_4]$

$Pb^{2+} + H_2S = PbS + 2H^+$

$PbS + 4H_2O_2 = PbSO_4 + 4H_2O$

5-28　怎样分离 Sn^{2+} 和 Pb^{2+}? 怎样分离 SnS 和 PbS?

解:分离 Sn^{2+} 和 Pb^{2+}:加入 K_2SO_4 溶液,Pb^{2+} 可生成 $PbSO_4$ 白色沉淀。

分离 SnS 和 PbS:加入多硫化钠 Na_2S_x,SnS 溶解得 SnS_3^{2-},而 PbS 不溶。

5-29　根据半反应及其电极电势,写出二价锡被氧气氧化成四价锡的离子反应式,并计算标准电池电势。

解：

$$2Sn^{2+}(aq) = Sn^{4+}(aq) + 2e \qquad E^{\ominus} = 0.15V$$

$$O_2(g) + 4H^+(aq) + 4e = 2H_2O \qquad E^{\ominus} = 1.229V$$

$$2Sn^{2+}(aq) + O_2(g) + 4H^+(aq) = 2Sn^{4+}(aq) + 2H_2O \qquad E^{\ominus}_{电池} = 1.08V$$

5-30 电解还原 2.1948g $SnCl_4$，产生 1.0000g Sn，计算锡的摩尔质量。

解：设锡的摩尔质量为 x，查得 Cl 的摩尔质量为 $35.45g \cdot mol^{-1}$

$$SnCl_4 \xrightarrow{电解} Sn + 2Cl_2$$

$$\frac{x + 35.45 \times 4}{2.1948} = \frac{x}{1.0000}$$

$$x = \frac{35.45 \times 4 \times 1.0000}{2.1948 - 1.0000} = 118.68(g \cdot mol^{-1})$$

5-31 有一含 69.70% 硫的化合物样品，重 0.1221g。该样品与水作用生成 SiO_2 白色沉淀，干燥后重 0.079 14g。试问这是什么化合物？

解：有关摩尔质量的数据为：

S $32.06g \cdot mol^{-1}$；Si $28.08g \cdot mol^{-1}$；SiO_2 $60.08g \cdot mol^{-1}$

0.079 14g SiO_2 中 Si 的含量

$$0.079\,14g \times \frac{28.08g \cdot mol^{-1}}{60.08g \cdot mol^{-1}} = 0.036\,99g$$

样品中 Si 的含量

$$\frac{0.036\,99g}{0.1221g} \times 100\% = 30.29\%$$

因为

$$30.29\% + 69.70\% = 100\%$$

所以样品由硫和硅组成。

$$n_S : n_{Si} = \frac{0.1221g \times 69.70\%}{32.06g \cdot mol^{-1}} : \frac{0.036\,99g}{28.08g \cdot mol^{-1}}$$

$$= 0.002\,654 : 0.001\,317$$

$$= 2 : 1$$

即此化合物的化学式为 SiS_2。

5-32 在 27℃、770 mmHg 压力下，将 10L CO_2 通入过量石灰水，可以生成多少 $CaCO_3$？

解：此条件下的 CO_2 的量为

$$n = \frac{pV}{RT} = \frac{770mmHg \times 10L}{62.4mmHg \cdot L \cdot mol^{-1} \cdot K^{-1} \times 300K} = 0.411mol$$

由 $CO_2 + Ca(OH)_2 = CaCO_3 + H_2O$,可知 0.411mol CO_2 通入过量石灰水,可生成 0.411mol $CaCO_3$,即

$$0.411\text{mol} \times 100\text{g}\cdot\text{mol}^{-1} = 41.1\text{g } CaCO_3$$

5-33　将 1.497 g 铅锡合金溶解在硝酸中,生成偏锡酸沉淀。加热使它脱水变成二氧化锡后,其质量为 0.4909g,计算合金中锡的质量分数。

解:查得有关物质的摩尔质量为:SnO_2 150.69g·mol^{-1};Sn 118.69g·mol^{-1}。

0.4909g SnO_2 中 Sn 的含量为 x g

$$x = \frac{118.69}{150.69} \times 0.4909 = 0.3868(\text{g})$$

1.497g 铅锡合金中锡的质量分数为 y

$$y = \frac{0.3868}{1.497} \times 100\% = 25.83\%$$

第六章　氮族元素

(一) 概　　述

元素周期表中第Ⅴ(A)族氮族(nitrogen group)包括氮、磷、砷、锑、铋五种元素。氮族元素的变化规律比硼族和碳族更复杂。表 6.1 是氮族元素的一些重要性质。

表 6.1　氮族元素的一些重要性质

元素	N	P	As	Sb	Bi
原子序数	7	15	33	51	83
电子构型	[He] $2s^22p^3$	[Ne] $3s^23p^3$	[Ar] $3d^{10}4s^24p^3$	[Kr] $4d^{10}5s^25p^3$	[Xe] $4f^{14}5d^{10}6s^26p^3$
气态原子化 $\Delta H^\ominus/(kJ\cdot mol^{-1})$	473	315	287	259	207
熔点/℃	−210	590(红)	817	630	271
沸点/℃	−196	280(白)	615	1380	1560
第一电离能/($kJ\cdot mol^{-1}$)	1403	1012	947	834	703
第二电离能/($kJ\cdot mol^{-1}$)	2855	1903	1800	1590	1450
第三电离能/($kJ\cdot mol^{-1}$)	4577	2910	2735	2440	2465
第四电离能/($kJ\cdot mol^{-1}$)	7473	4955	4830	4250	4370
第五电离能/($kJ\cdot mol^{-1}$)	9400	6270	6030	5400	5400
共价半径/Å	0.74	1.10	1.22	1.41	1.52
离子半径 M^{3+}/Å	—	—	—	—	1.0
Pauling 电负性	3.0	2.2	2.2	2.1	2.0

总的来看,从氮到铋,金属性逐渐增强,低价氧化态的化合物逐渐稳定。从表 6.1 可以看出,在失去 3 个 p 电子后,电离能显著增高。和硼族、碳族类似,由于 d 电子和 f 电子的屏蔽效应弱,砷的第二至第五电离能只比磷略有降低,而铋的第二至第五电离能则高于锑。这是由于铋的 6s 电子对具有惰性。从氮到铋,气态原子化焓逐渐下降,表明共价键能的依次降低。在磷的单质和化合物中没有氮的单质和化合物的某些类型,如 N_2、NO、HCN、N_3^- 和 NO_2^+,说明氮化合物主要是 pπ-pπ 成键,而磷化合物主要是 pπ-dπ 成键。由于有可容纳多于 8 电子的 3d 轨道,磷的三卤化物比氮的三卤化物更易于反应(可接受电子),并且有五卤化磷存在而没有五卤化氮。

氮分子中的 N≡N 叁键比较强,因此 N_2 是稳定的惰性分子,而含有 C≡C 叁键的 N_2 的等电子体乙炔 C_2H_2 则很活泼;反之,和 C—C 单键相比,N—N 单键由于存在未成键的孤对电子的相互排斥作用而相对较弱。

液态 NH_3 的低挥发性高水溶性,在同族中比较显著,而相应碳族中的甲烷和硅烷、锗烷之间就没有这种区别。这是因为 N 的电负性较大,NH_3 分子之间可以形成氢键。

除了 Bi^{3+} 具有典型的离子型反应外,氮族其他化合物都呈现共价化合物的反应。氮元素在化合物中的氧化态可以从 +5 到 -3。这些化合物的标准电极电势反映了它们的热力学稳定性,而实际反应能否发生,反应速率常常起决定作用。

氮元素以氮气的形式占空气的 78%,天然氮的化合物主要有智利硝石($NaNO_3$)。磷的重要来源是磷灰石[$Ca_5F(PO_4)_3$]。砷、锑、铋的天然矿物为雄黄(As_4S_4)、雌黄(As_2S_3)、辉锑矿(Sb_2S_3)、辉铋矿(Bi_2S_3)。

氮和磷是生物有机体的重要组成部分,砷的化合物有剧毒。

(二) 习题及解答

6-1 完成并配平下列反应方程式:

$NH_4Cl + NaNO_2 \longrightarrow$

$(NH_4)_2Cr_2O_7(s) \longrightarrow$

$KMnO_4 + NaNO_2 + H_2SO_4 \longrightarrow$

$NaNO_2 + KI + H_2SO_4 \longrightarrow$

$Ca_3(PO_4)_2 + H_2SO_4$(过量)$\longrightarrow$

$P_4 + NaOH + H_2O \longrightarrow$

$AsCl_3 + Zn + HCl \longrightarrow$

$NaBiO_3 + MnSO_4 + H_2SO_4 \longrightarrow$

$(NH_4)_3SbS_4 + HCl \longrightarrow$

$Bi(OH)_3 + Cl_2 + NaOH \longrightarrow$

$NaH_2PO_4(s) \longrightarrow$

$Na_2HPO_4(s) \longrightarrow$

$NaH_2PO_4(s) + Na_2HPO_4(s) \longrightarrow$

$Sb_2S_5 + (NH_4)_2S \longrightarrow$

解:

$$NH_4Cl + NaNO_2 \xlongequal{\quad} N_2 + NaCl + 2H_2O$$

$$(NH_4)_2Cr_2O_7(s) \xlongequal{\quad} N_2 + Cr_2O_3 + 4H_2O$$

$$2KMnO_4 + 5NaNO_2 + 3H_2SO_4 \xlongequal{\quad} K_2SO_4 + 2MnSO_4 + 5NaNO_3 + 3H_2O$$

$$2NaNO_2 + 2KI + 2H_2SO_4 \xlongequal{\quad} Na_2SO_4 + K_2SO_4 + I_2 + 2H_2O + 2NO$$

$$Ca_3(PO_4)_2 + 3H_2SO_4 \xlongequal{\quad} 3CaSO_4 + 2H_3PO_4$$

$$P_4 + 3NaOH + 3H_2O \xlongequal{\quad} 3NaH_2PO_2 + PH_3$$

$$AsCl_3 + 3Zn + 3HCl \xlongequal{} AsH_3 + 3ZnCl_2$$

$$10NaBiO_3 + 4MnSO_4 + 16H_2SO_4 \xlongequal{} 5Na_2SO_4 + 5Bi_2(SO_4)_3 + 4HMnO_4 + 14H_2O$$

$$2(NH_4)_3SbS_4 + 6HCl \xlongequal{} Sb_2S_5 + 6NH_4Cl + 3H_2S$$

$$Bi(OH)_3 + Cl_2 + 3NaOH \xlongequal{} NaBiO_3 + 2NaCl + 3H_2O$$

$$NaH_2PO_4(s) \xlongequal{} NaPO_3 + H_2O$$

$$2Na_2HPO_4(s) \xlongequal{} Na_4P_2O_7 + H_2O$$

$$NaH_2PO_4(s) + 2Na_2HPO_4(s) \xlongequal{} Na_5P_3O_{10}(s) + 2H_2O$$

$$Sb_2S_5 + 3(NH_4)_2S \xlongequal{} 2(NH_4)_3SbS_4$$

6-2 为什么常用 NH_3(而不用 N_2)作为制备含氮化合物的原料?

解: N_2 是很稳定的单质,3000℃时只有 0.1%的 N_2 解离,因此不易形成含氮化合物。NH_3 较活泼,400℃以上明显分解。NH_3 以三种形式参与化学反应:

(1) 加合反应:NH_3 是弱碱,与酸加合生成相应铵盐,与许多金属离子形成络离子。

(2) 被氧化的反应:NH_3 可被 O_2 和其他氧化剂氧化。

(3) 取代反应:NH_3 中三个 H 可被某些原子或原子团取代,如氨解。

6-3 写出工业上以空气、水和焦炭为原料制备氨,再用氨氧化法制备硝酸的反应式。

解:(1) 合成氨

1) 制半水煤气 $$C + H_2O \xlongequal{} CO + H_2$$

2) 制变换气 $$CO + H_2O \xrightarrow{400\sim500℃} CO_2 + H_2$$

3) 合成氨 $$N_2(\text{空气中}) + 3H_2 \xrightarrow{773K, Fe, 300\sim700atm} 2NH_3$$

(2) 生产硝酸

1) $$4NH_3 + 5O_2 \xrightarrow{Pt, Rh, 1273K} 4NO + 6H_2O$$

2) $$2NO + O_2 \xlongequal{} 2NO_2$$

3) $$3NO_2 + H_2O \xlongequal{} 2HNO_3 + NO$$

6-4 使 $500m^3$(标准状况下)的 NH_3 转化为 HNO_3。问能得到密度为 $1.4g \cdot cm^{-3}$,64%的 HNO_3 多少千克?

解:

$$4NH_3 + 5O_2 \xlongequal{} 4NO + 6H_2O$$

$$4NO + 2O_2 \xlongequal{} 4NO_2$$

$$+)\quad 4NO_2 + O_2 + 2H_2O \xlongequal{} 4HNO_3$$

$$4NH_3 + 8O_2 \xlongequal{} 4HNO_3 + 4H_2O$$

因为反应是完全的,1mol NH_3 生成 1mol HNO_3,所以 $n$mol NH_3 生成 $n$mol

HNO_3,相当于 $1.4g \cdot cm^{-3}$,64%的 HNO_3 $x$kg。

$$n = 500m^3 \times \frac{1000L}{1m^3} \times \frac{1mol}{22.4L} = 22.3 \times 10^3 mol$$

$$x = 22.3 \times 10^3 mol \times \frac{63g}{1mol} \times \frac{10^{-3}kg}{1g} \times \frac{100kg(HNO_3 + H_2O)}{64kg(HNO_3)} = 2200kg$$

6-5 铵盐和钾盐的晶型相同,溶解度相近,而哪些性质不同?

解:(1) 铵盐有水解性:NH_4^+ 在水溶液中水解显酸性。

(2) 铵盐易于热分解:如 $NH_4Cl \xlongequal{} NH_3 + HCl$。

(3) 铵盐具有还原性:如 $(NH_4)_2Cr_2O_7 \xlongequal{} N_2 + Cr_2O_3 + 4H_2O$。

6-6 如何除去 NH_3 中的水气?如何除去液氨中微量水?

解:用碱石灰可除去 NH_3 中的 $H_2O(g)$

$$CaO(s) + H_2O(g) \xlongequal{} Ca(OH)_2(s)$$

用金属 Na 可除去 $NH_3(l)$中少量 H_2O

$$2Na + 2H_2O \xlongequal{} 2NaOH + H_2$$

6-7 金属和 HNO_3 作用,就金属而言有几种类型?就 HNO_3 被还原的产物而言,有什么特点?

解:金属和 HNO_3 的作用可分为三种类型:

(1) 钝化:Fe、Cr、Al、Ni 等活泼金属和冷浓 HNO_3 作用,在金属表面形成一层不溶于冷浓 HNO_3 的保护膜,阻碍反应进行。

(2) Sn、As、Sb、Mo、W 等和浓 HNO_3 作用生成含水的氧化物或含氧酸,如 β-锡酸 $SnO_2 \cdot xH_2O$,砷酸 H_3AsO_4。

(3) 其余金属和 HNO_3 的作用都生成可溶性硝酸盐。

HNO_3 和金属反应的还原产物随 HNO_3 浓度不同而不同。

$$M + HNO_3(12 \sim 16mol \cdot L^{-1}) \longrightarrow NO_2 \text{ 为主}$$

$$M + HNO_3(6 \sim 8mol \cdot L^{-1}) \longrightarrow NO \text{ 为主}$$

$$M + HNO_3(\sim 2mol \cdot L^{-1}) \longrightarrow N_2O \text{ 为主}$$

$$M(\text{活泼}) + HNO_3(< 2mol \cdot L^{-1}) \longrightarrow NH_4^+ \text{ 为主}$$

$$M(\text{活泼}) + HNO_3(\text{很稀}) \longrightarrow H_2$$

6-8 略述金属硝酸盐热分解类型。写出 $AgNO_3$,$Fe(NO_3)_2$ 热分解的产物。

解:金属的还原电极电势 $E^\ominus_{M^{n+}/M}$不同,其硝酸盐的热分解产物也不同。

(1) $E^\ominus_{M^{n+}/M} < E^\ominus_{Mg^{2+}/Mg}$的金属的硝酸盐,热分解产物为亚硝酸盐和 O_2。

$$2NaNO_3 \xrightarrow{\triangle} 2NaNO_2 + O_2$$

(2) $E^\ominus_{Cu^{2+}/Cu} > E^\ominus_{M^{n+}/M} > E^\ominus_{Mg^{2+}/Mg}$的金属硝酸盐,热分解产物为氧化物 NO_2 和 O_2。

$$2Zn(NO_3)_2 \xrightarrow{\triangle} 2ZnO + 4NO_2 + O_2$$

(3) $E^{\ominus}_{M^{n+}/M} > E^{\ominus}_{Cu^{2+}/Cu}$的金属的硝酸盐,热分解产物为金属、$NO_2$、$O_2$。

$$2AgNO_3 \xrightarrow{\triangle} 2Ag + 2NO_2 + O_2$$

$Al(NO_3)_3$ 的热分解:

$$4Al(NO_3)_3 \xrightarrow{\triangle} 2Al_2O_3 + 12NO_2 + 3O_2$$

$Fe(NO_3)_2$ 的热分解:

$$4Fe(NO_3)_2 \xrightarrow{\triangle} 2Fe_2O_3 + 8NO_2 + O_2$$

6-9 实验室如何制备 N_2?

解:(1) 亚硝酸铵溶液加热分解:

$$NH_4NO_2(aq) \xrightarrow{\triangle} N_2 + 2H_2O$$

(2) 亚硝酸钠和氯化铵的饱和溶液反应:

$$NH_4Cl + NaNO_2 \longrightarrow NaCl + 2H_2O + N_2$$

(3) 重铬酸铵加热分解:

$$(NH_4)_2Cr_2O_7(s) \xrightarrow{\triangle} N_2 + Cr_2O_3 + 4H_2O$$

(4) NH_3 被氧化:

$$8NH_3 + 3Br_2(aq) \longrightarrow N_2 + 6NH_4Br$$

$$2NH_3 + 3CuO \longrightarrow N_2 + 3Cu + 3H_2O$$

6-10 如何制备少量 NO_2,NO?

解:制备少量的 NO_2 可用硝酸盐分解产生的气体通过冷凝装置。如

$$2Pb(NO_3)_2(s) = 2PbO(s) + 4NO_2 + O_2(g)$$

$$2NO_2(g) = N_2O_4(l)$$

制备少量的 NO 可用金属和 HNO_3 反应得到,用排水集气法收集。

$$3Cu + 8HNO_3 = 3Cu(NO_3)_2 + 2NO + 4H_2O$$

6-11 如何制备亚硝酸?亚硝酸是否能稳定存在?

解:在亚硝酸盐的冷溶液中加入酸,或者将等物质的量的 NO 和 NO_2 的混合物溶解在冰水里。

$$NaNO_2 + H_2SO_4 \xrightarrow{冷冻} HNO_2 + NaHSO_4$$

$$NO + NO_2 + H_2O \xrightarrow{冷冻} 2HNO_2$$

但是 HNO_2 很不稳定,即使在温度很低的条件下也会发生分解:

$$2HNO_2 \longrightarrow N_2O_3 + H_2O$$

$$N_2O_3 \longrightarrow NO + NO_2$$

6-12　如何配制 Sb(Ⅲ),Bi(Ⅲ)的溶液?

解:这两种离子在水溶液中水解生成沉淀,所以应在相应的酸溶液中配制它们的溶液。

$$MCl_3 + H_2O = MOCl + 2HCl$$

$$M(NO_3)_3 + H_2O = MONO_3 + 2HNO_3$$

6-13　举出两种制备 As_2S_5 的方法。

解:(1) 在酸性砷酸盐溶液中通入 H_2S

$$2AsO_4^{3-} + 5H_2S + 6H^+ = As_2S_5 + 8H_2O$$

(2) 在硫代砷酸盐溶液中加入酸

$$2AsS_4^{3-} + 6H^+ = As_2S_5 + 3H_2S$$

6-14　20℃用 $P_4O_{10}(s)$干燥过的气体中残余水气为 0.000 025g·L^{-1}。计算残余水气的分压。

解:

$$p_{H_2O} = \frac{nRT}{V} = \frac{W}{MV}RT$$

$$= \frac{0.000\,025\text{g} \cdot \text{L}^{-1}}{18\text{g} \cdot \text{mol}^{-1}} \times 8.31 \times 10^3\text{Pa} \cdot \text{L} \cdot \text{mol}^{-1} \cdot \text{K}^{-1} \times (273 + 20)\text{K}$$

$$= 3.4\text{Pa}$$

6-15　写出以下铵盐加热后的反应式。

(1) NH_4Cl;(2) $(NH_4)_2CO_3$;(3) $(NH_4)_2WO_4$;(4) NH_4NO_3;(5) NH_4NO_2;(6) $(NH_4)_2SO_4$;(7) $(NH_4)_2Cr_2O_7$

解:(1)　$NH_4Cl \longrightarrow NH_3 + HCl$

(2)　$(NH_4)_2CO_3 \longrightarrow 2NH_3 + H_2O + CO_2$

(3)　$(NH_4)_2WO_4 \longrightarrow 2NH_3 + WO_3 + H_2O$

(4)　$NH_4NO_3 \xrightarrow{200\sim260℃} N_2O + 2H_2O$

$$2NH_4NO_3 \xrightarrow{>300℃} 2N_2 + O_2 + 4H_2O\text{(爆炸)}$$

(5)　$NH_4NO_2 \longrightarrow N_2 + 2H_2O$

(6)　$3(NH_4)_2SO_4 \longrightarrow 2SO_2 + 4NH_3 + 6H_2O + N_2$

(7)　$(NH_4)_2Cr_2O_7 \longrightarrow Cr_2O_3 + 4H_2O + N_2$

6-16　写出实验室制备以下物质的反应式

(1) N_2O;(2) N_2O_5; (3) NO_2;

解:(1)　$NH_4^+ + NO_3^- \xrightarrow{\triangle} N_2O + 2H_2O$

(2)　$2HNO_3 \xrightarrow{P_4O_{10}} N_2O_5 + H_2O$

(3) $$Pb(NO_3)_2 \xrightarrow{\triangle} PbO_2 + 2NO_2$$

6-17 写出 P_4 在 NaOH 中的自氧化还原反应式。

解: $P_4 + 4OH^- + 2H_2O = 2PH_3 + 2HPO_3^{2-}$

6-18 试推测 NO_2^+、NO_2 和 NO_2^- 等分子或离子的构型?

解:分子或离子(或原子团)中的中心原子的价层电子对之间具有相互排斥的作用,所以其几何构型总是采取电子对相互排斥最小的结构。由此推测 NO_2^+、NO_2 和 NO_2^- 的电子式和几何构型如下:

NO_2^+　　NO_2　　NO_2^-

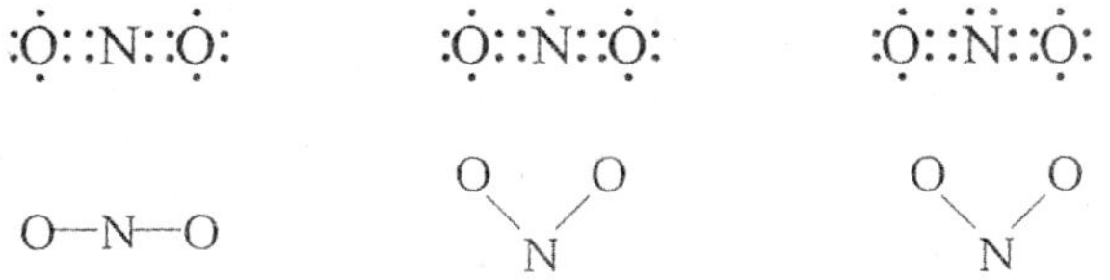

6-19 (1)分别往 Na_3PO_4 溶液中加过量 HCl、H_3PO_4、CH_3COOH 或通入过量 CO_2,问这些反应将生成磷酸还是酸式磷酸盐?(2)分别往 Na_3PO_4 溶液中加等物质的量浓度、等体积的 HCl,H_2SO_4,H_3PO_4,CH_3COOH。问各生成什么产物?

解:(1)

$$Na_3PO_4 + 3HCl = 3NaCl + H_3PO_4$$

$$Na_3PO_4 + 2H_3PO_4 = 3NaH_2PO_4$$

$$Na_3PO_4 + 2HAc = NaH_2PO_4 + 2NaAc$$

$$Na_3PO_4 + CO_2 + H_2O = Na_2HPO_4 + NaHCO_3$$

(2)

$$Na_3PO_4 + HCl = NaCl + Na_2HPO_4$$

$$Na_3PO_4 + H_3PO_4 = NaH_2PO_4 + Na_2HPO_4$$

$$Na_3PO_4 + HAc = Na_2HPO_4 + NaAc$$

$$Na_3PO_4 + H_2SO_4 = NaH_2PO_4 + Na_2SO_4$$

6-20 H_3PO_2,H_3PO_3,H_3PO_4,$H_4P_2O_7$ 各为几元酸?试从结构上加以说明。

解:以上各物质的结构如下:

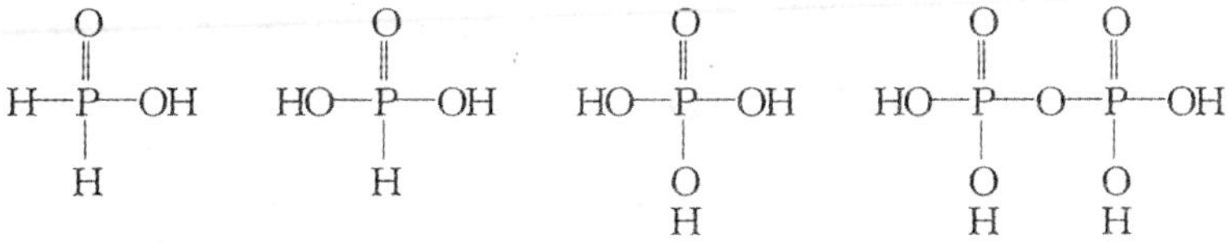

H_3PO_2　　H_3PO_3　　H_3PO_4　　$H_4P_2O_7$

在水溶液中,H_3PO_2 只有一个和 O 相连的 H 能够电离为 H_3O^+ 离子,所以是一元酸。H_3PO_3 有两个和 O 直接相连的 H,所以是二元酸。同理,H_3PO_4 是三元酸。$H_4P_2O_7$ 是四元酸。

6-21 用 H_3PO_4 溶解某些金属的矿石,主要用了 H_3PO_4 的什么性质?

解: H_3PO_4 是高沸点的中强酸,可以在高温和金属反应。一般金属(除 Na、K)的磷酸盐均为难溶盐,易于分离。

6-22 (1) 写出砷、锑、铋和浓硝酸作用的反应式

(2) 解释为什么砷、锑、铋的氧化产物具有不同的组成。

解:(1) $3As + 5HNO_3 + 2H_2O = 3H_3AsO_4 + 5NO$

$$6Sb + 10HNO_3 = 3Sb_2O_5 + 10NO + 5H_2O$$

$$Bi + HNO_3 + 3H^+ = Bi^{3+} + NO + 2H_2O$$

(2) 从 As 到 Bi 金属性依此增强,形成金属离子的倾向增加,形成含氧阴离子的倾向减少。

6-23 把 H_2S 通入含 As(Ⅴ)的酸性溶液可得 As_2S_5 和少量 S,As_2S_3。而把 H_2S 通入含 Sb(Ⅴ)的酸性溶液可得 Sb_2S_3,Sb_2S_5,S。写出有关的方程式。

解:因为 Sb(Ⅴ)的氧化性强于 As(Ⅴ),所以 As(Ⅴ)和 H_2S 反应产物中以 As_2S_5 为主,而 Sb(Ⅴ)和 H_2S 反应产物中还原产物较多。

$$2AsO_4^{3-} + 5H_2S + 6H^+ = As_2S_5 + 8H_2O$$

$$4Sb(OH)_6^- + 10H_2S + 4H^+ = Sb_2S_5 + Sb_2S_3 + 2S + 24H_2O$$

6-24 在酸性溶液中 Bi(Ⅴ)能氧化 Cl^- 为 Cl_2。Sb(Ⅴ)只能把 I^- 氧化成 I_2。(1)写出有关反应的方程式。(2)以上事实能否说明 Bi(Ⅴ)的氧化性强于 Sb(Ⅴ)?

解:(1) $NaBiO_3 + 6HCl = NaCl + BiCl_3 + Cl_2 + 3H_2O$

$$NaSb(OH)_6 + 6HI = NaI + SbI_3 + I_2 + 6H_2O$$

(2) 因为 I^- 的还原性强于 Cl^-,所以可以说明 Bi(Ⅴ)的氧化性强于 Sb(Ⅴ)。

6-25 Sb_2S_3 能溶于 Na_2S 或 Na_2S_2 而 Bi_2S_3 不溶。请根据这一事实比较 Sb_2S_3,Bi_2S_3 的酸碱性和还原性。

解: Sb_2S_3 能和碱性硫化物反应,说明其具有酸性;Sb_2S_3 能溶于 Na_2S_2,即可被 S_2^{2-} 氧化,说明其具有还原性。Bi_2S_3 不溶于 Na_2S 或 Na_2S_2,说明其碱性较 Sb_2S_3 强,还原性较 Sb_2S_3 弱。

6-26 As_2S_3,Sb_2S_3 具有酸性,因此能溶于 Na_2S,写出有关反应的方程式。

解:

$$Na_2S + 2H_2O = 2NaOH + H_2S$$

$$+)\ As_2S_3 + 4NaOH = Na_3AsS_3 + NaAs(OH)_4$$

$$2Na_2S + As_2S_3 + 4H_2O = Na_3AsS_3 + NaAs(OH)_4 + 2H_2S$$

同理,对 Sb_2S_3 有

$$2Na_2S + Sb_2S_3 + 4H_2O = Na_3SbS_3 + NaSb(OH)_4 + 2H_2S$$

6-27 下面各组离子哪一个酸性更强?为什么?(1)Sb^{3+} 和 As^{3+};(2)Bi^{3+} 和 Bi^{5+};(3)In^{3+} 和 Tl^+。

解:(1) As^{3+} 比 Sb^{3+} 半径小,所以 As^{3+} 酸性更强。

(2) Bi^{5+} 比 Bi^{3+} 电荷高,所以 Bi^{5+} 酸性更强。

(3) In^{3+} 的电荷比 Tl^{+} 高,半径比 Tl^{+} 小,所以 In^{3+} 的酸性更强。

6-28 画出 $P_3O_9^{3-}$ 的结构式。

解:

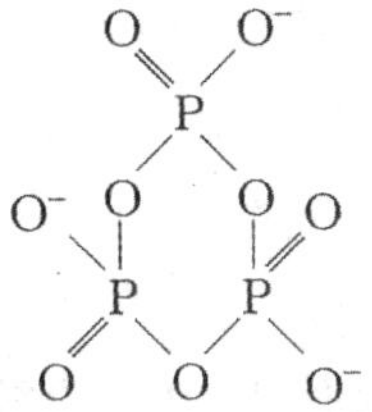

6-29 画出 PF_5,PF_6^- 的几何构型。

解:

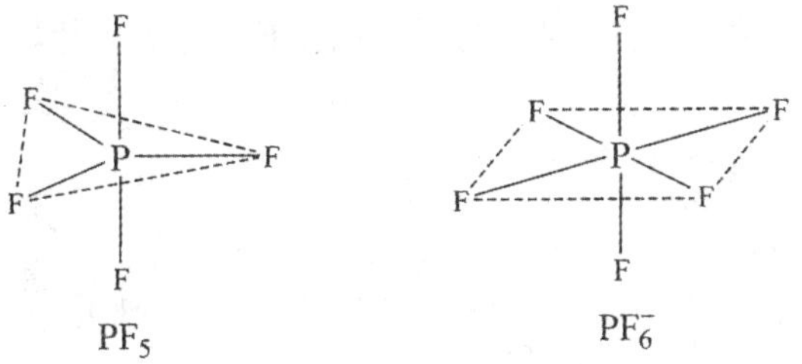

6-30 用电极电势说明下列两个事实:在酸性介质中 Bi(Ⅴ)氧化 Cl^- 为 Cl_2,在碱性介质中 Cl_2 可将 Bi(Ⅲ)氧化成 Bi(Ⅴ)。

解:在酸性介质中,$E^{\ominus}_{NaBiO_3/Bi^{3+}} = 1.60V > E^{\ominus}_{Cl_2/Cl^-} = 1.36V$

则发生反应 $NaBiO_3 + 6HCl = NaCl + BiCl_3 + Cl_2 + 3H_2O$

$$E^{\ominus}_{电池} = E^{\ominus}_{NaBiO_3/Bi^{3+}} - E^{\ominus}_{Cl_2/Cl^-} = 1.60 - 1.36 = 0.24(V) > 0$$

在碱性介质中,$E^{\ominus}_{NaBiO_3/Bi^{3+}} = 0.55V < E^{\ominus}_{Cl_2/Cl^-} = 1.36V$

则发生反应 $Bi(OH)_3 + Cl_2 + 3NaOH = NaBiO_3 + 2NaCl + 3H_2O$

$$E^{\ominus}_{电池} = E^{\ominus}_{Cl_2/Cl^-} - E^{\ominus}_{NaBiO_3/Bi^{3+}} = 1.36 - 0.55 = 0.81(V) > 0$$

6-31 计算 25℃ 3mol HNO_2 分解反应的平衡常数。已知 HNO_2 还原成 NO 的标准电极电势是 0.99V;NO_3^- 还原成 HNO_2 的标准电极电势是 0.94V。

解: $2HNO_2 + 2H_3O^+ + 2e = 2NO + 4H_2O \qquad E^{\ominus} = 0.99V$

$-)\ NO_3^- + 3H_2O + 2e = HNO_2 + 4H_2O \qquad E^{\ominus} = 0.94V$

$$3HNO_2 = 2NO + NO_3^- + H_3O^+ \qquad E^{\ominus}_{电池} = 0.05V$$

$$E^{\ominus}_{电池} = \frac{0.059}{n}\lg K \qquad \lg K = \frac{2\times 0.05}{0.059} = 1.7 \qquad K = 50$$

由平衡常数可知,HNO_2 不稳定,易分解。

6-32 如何鉴定水溶液中的 NH_4^+?

解:(1) 浓度较大时,加入强碱可嗅到 NH_3 的特殊气味,并可使湿润的 pH 试纸变蓝

$$NH_4^+ + OH^- \longrightarrow NH_3 + H_2O$$

(2) 利用产生的 NH_3 和浓 HCl 产生的 HCl(g)反应生成 NH_4Cl 白烟

$$NH_3 + HCl \longrightarrow NH_4Cl$$

(3) Nessier 试剂,NH_3 和碱性四碘汞酸钾溶液反应生成黄色或棕色沉淀

$$NH_3 + 2[HgI_4]^{2-} + 3OH^- \longrightarrow Hg_2NI + 7I^- + 3H_2O$$

检出限量:0.3μg(在 2μL 中)

(4) 浸有硝酸亚汞溶液的滤纸遇到 NH_3 变黑

$$2Hg_2^{2+} + NO_3^- + 4NH_3 \longrightarrow 2Hg + 3NH_4^+ + Hg_2N(NO_3)$$

(5) 和六硝基合钴酸钠反应生成黄色沉淀,K^+ 离子有相同的反应

$$2NH_4^+ + Na^+ + [Co(NO_2)_6]^{3-} \longrightarrow (NH_4)_2Na[Co(NO_2)_6]$$

6-33　如何鉴定 NO_2^- 和 NO_3^-?

解: NO_2^- 的鉴定方法

(1) $FeSO_4$ 法:NO_2^- 与乙酸(或 H_2SO)介质中的 $FeSO_4$ 浓溶液作用时,形成棕色络离子 $FeNO^{2+}$。反应为

$$2NO_2^- + 2H^+ \longrightarrow 2HNO_2$$

$$2HNO_2 \longrightarrow NO + NO_3^- + H_2O$$

$$NO + Fe^{2+} \longrightarrow FeNO^{2+}$$

I^-,Br^- 干扰此反应。

(2) 对氨基苯磺酸-α-萘胺法:NO_2^- 在乙酸性溶液中能使对氨基苯磺酸重氮化,然后与 α-萘胺生成粉红色偶氮染料。但 NO_2^- 浓度大时,粉红色很快褪去,并生成褐色沉淀。

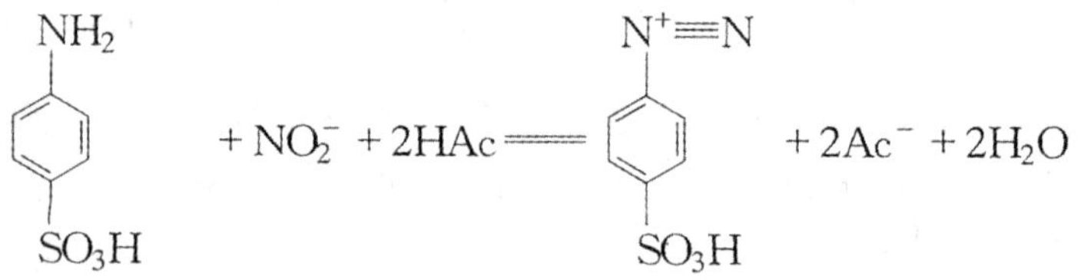

对氨基苯磺酸

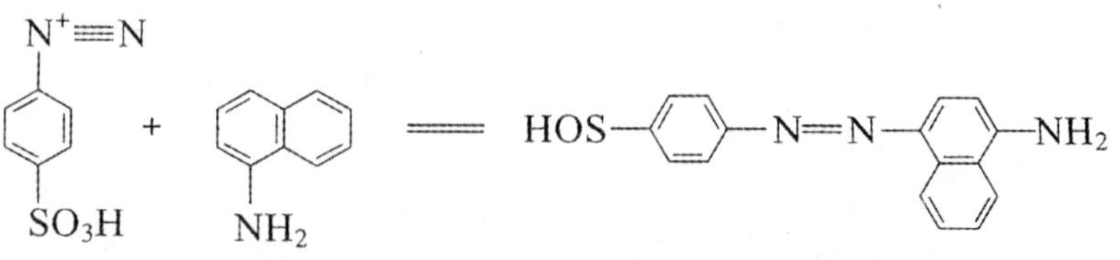

α-萘胺

在点滴板上加一滴 NO_2^- 试液，用 $2mol\cdot L^{-1}$ HAc 酸化，再依次加入对氨基苯磺酸和 α-萘胺各一滴，产生红色染料表示有 NO_2^-。

检出限量：$0.01\mu g$，$1:5\times10^6$

(3) 氧化 I^- 法：在不存在其他氧化剂的情况下，可将试液用 $2mol\cdot L^{-1}$ H_2SO_4 酸化，再加几滴 CCl_4 和 1～2 滴 $1mol\cdot L^{-1}$ KI 溶液，若混合均匀后 CCl_4 层显示碘的紫色，表示存在 NO_2^-。

NO_3^- 的鉴定方法

(1) 二苯胺法：将试液用 H_2SO_4 酸化，加二苯胺的浓 H_2SO_4 溶液，NO_3^- 存在时溶液变深蓝色。若在二苯胺的浓 H_2SO_4 溶液表面小心地加入试液，NO_3^- 的存在会在界面上产生蓝色环。

NO_2^- 的存在会干扰鉴定，可加入尿素加热使 NO_2^- 分解：

$$2NO_2^- + 2H^+ + CO(NH_2)_2 = 3H_2O + CO_2 + N_2$$

检出限量：$0.5\mu g$，$1:1\times10^5$

(2) 棕色环法：NO_3^- 在浓 H_2SO_4 溶液中，与 Fe^{2+} 作用生成棕色 $FeNO^{2+}$ 络离子，即棕色环试法，反应为

$$3Fe^{2+} + NO_3^- + 4H^+ = 3Fe^{3+} + NO + 2H_2O$$

$$Fe^{2+} + NO = FeNO^{2+}$$

NO_2^- 的存在干扰鉴定。

6-34　NO 和 $FeSO_4$ 反应生成 $Fe(NO)SO_4$（棕色环反应）可用来鉴定 NO_2^- 和 NO_3^-。为什么鉴定 NO_3^- 要用浓 H_2SO_4，而鉴定 NO_2^- 可用 CH_3COOH?

解：鉴定 NO_2^- 的反应为

$$2NO_2^- + 2H^+ = 2HNO_2$$

$$2HNO_2 = NO + NO_3^- + H_2O$$

$$NO + Fe^{2+} = FeNO^{2+}\text{（棕色）}$$

鉴定 NO_3^- 的反应为

$$3Fe^{2+} + NO_3^- + 4H^+ = 3Fe^{3+} + NO + 2H_2O$$

$$Fe^{2+} + NO = FeNO^{2+}\text{（棕色）}$$

因为 NO_2^- 不稳定，在弱酸性介质中即可发生自氧化还原反应生成鉴定所需要的 NO；NO_3^- 需要在 Fe^{2+} 及强酸性溶液中才可生成 NO。

6-35　说出生成黄色钼磷酸铵的条件。

解：先配制钼酸铵溶液，将 5g 钼酸铵溶于 100mL 水中。将所得溶液加到 35mL 相对密度为 1.2 的 HNO_3 中。在试管中加 2 滴 $0.1mol\cdot L^{-1}$ 的 PO_4^{3-} 溶液，4 滴 $6mol\cdot L^{-1}$ 的 HNO_3 和 8 滴 $(NH_4)_2MoO_4$ 溶液。加热至 60～70℃，用搅棒摩擦管

壁,即有结晶型黄色钼磷酸铵沉淀生成。

6-36 某溶液中含有 PO_4^{3-} 或 AsO_4^{3-} 或 PO_4^{3-} 和 AsO_4^{3-}。请用实验判别以上三种情况。

解:加 $AgNO_3$,若生成黄色沉淀,则为 Ag_3PO_4,证明有 PO_4^{3-};若生成褐棕色沉淀,则为 Ag_3AsO_4,证明有 AsO_4^{3-}。

加 HNO_3,$(NH_4)_2MoO_4$,若生成的黄色沉淀溶于 NH_4Ac 溶液,则有 PO_4^{3-};若不溶则有 AsO_4^{3-};若部分溶解,则有 PO_4^{3-} 和 AsO_4^{3-}。

6-37 用 $KSb(OH)_6$ 鉴定 Na^+ 时,对溶液的酸度有什么要求?

解:用 $KSb(OH)_6$ 鉴定 Na^+ 的反应为

$$Na^+ + [Sb(OH)_6]^- \!=\!=\!= NaSb(OH)_6 \quad (\text{白色沉淀})$$

这个反应需要在碱性介质中进行,因为在酸性介质中会生成锑酸的白色胶状沉淀。

$$H^+ + [Sb(OH)_6]^- \!=\!=\!= HSb(OH)_6 \quad (\text{白色})$$

6-38 如何鉴定 Bi^{3+}?

解:用新配制的 $NaSn(OH)_3$ 溶液可将 Bi^{3+} 还原为金属 Bi。在可能含有 Bi^{3+} 的溶液中加入新配制的 $NaSn(OH)_3$ 溶液,若立即生成黑色沉淀,说明有 Bi^{3+}。

$$SnCl_2 + 3NaOH \!=\!=\!= NaSn(OH)_3 + 2NaCl$$

$$2Bi^{3+} + 3Sn(OH)_3^- + 9OH^- \!=\!=\!= 2Bi + 3[Sn(OH)_6]^{2-}$$

6-39 设法分离下列两对离子:Sb^{3+} 和 Bi^{3+};PO_4^{3-} 和 SO_4^{2-}。

解:(1) 利用 Sb^{3+} 具有两性,而 Bi^{3+} 为碱性的特点,加入 NaOH 溶液后 Sb^{3+} 生成 $[Sb(OH)_4]^-$,而 Bi^{3+} 生成 $Bi(OH)_3$。或加入 Na_2S,Sb^{3+} 生成 Bi_2S_3。

(2) 利用 $Ba_3(PO_4)_2$ 溶于 HNO_3 而 $BaSO_4$ 不溶于 HNO_3,加 $BaCl_2$ 和 HNO_3,生成 $BaSO_4$ 沉淀和 H_3PO_4。

6-40 欲滴加 $AgNO_3$ 溶液于含 PO_4^{3-} 和 Cl^- 的混合溶液中以分离 PO_4^{3-} 和 Cl^-,设 $[PO_4^{3-}] = 0.10\text{mol}\cdot\text{L}^{-1}$,计算 Ag_3PO_4 开始沉淀时 $[PO_4^{3-}]/[Cl^-]$ 值。这个方法能否将 PO_4^{3-} 和 Cl^- 分离干净?

解:

$$Ag_3PO_4(s) \!=\!=\!= 3Ag^+(aq) + PO_4^{3-}(aq) \qquad K_1 = K_{sp(Ag_3PO_4)} = 1.6\times10^{-21}$$

$$+)\ 3Ag^+(aq) + 3Cl^-(aq) \!=\!=\!= 3AgCl(s) \qquad K_2\ \frac{1}{K_{sp(AgCl)}^3} = \left(\frac{1}{1.8\times10^{-10}}\right)^3$$

$$Ag_3PO_4(s) + 3Cl^-(aq) \!=\!=\!= 3AgCl(s) + PO_4^{3-}(aq)$$

$$\frac{[PO_4^{3-}]}{[Cl^-]^3} = K_1K_2 = \frac{1.6\times10^{-11}}{(1.8\times10^{-10})^3} = 2.7\times10^8$$

$$[PO_4^{3-}] = 0.10\text{mol}\cdot\text{L}^{-1}$$

$$[Cl^-]=\left(\frac{0.10}{2.7\times10^8}\right)^{\frac{1}{3}}=7.2\times10^{-4}(mol\cdot L^{-1})$$

$$\frac{[PO_4^{3-}]}{[Cl^-]}=\frac{0.10}{7.2\times10^{-4}}=1.4\times10^2(mol\cdot L^{-1})$$

因为 Ag_3PO_4 开始沉淀时的[Cl^-]较大，所以不能分离干净。

6-41　如何区分三种氮的氧化物 NO，N_2O_5，NO_2？

解：NO 是无色气体，在空气中被氧化成棕色 NO_2。N_2O_5 是挥发性固体，和水作用生成硝酸。NO_2 是棕色气体，在低于 20℃时凝聚成黄色液体（N_2O_4）。

6-42　计算纯 KH_2PO_4 晶体中 P_2O_5，K_2O 的质量分数。

解：

$$\frac{w_{P_2O_5}}{2w_{KH_2PO_4}}=\frac{w_P}{w_{KH_2PO_4}}\times\frac{w_{P_2O_5}}{2P}=\frac{142}{2\times136}\times100\%=52.2\%$$

$$\frac{w_{K_2O}}{2w_{KH_2PO_4}}=\frac{94}{2\times136}\times100\%=34.6\%$$

第七章　氧族元素

(一) 概　述

氧族元素(oxygen group)是周期表中的第Ⅵ(A)族元素,包括氧、硫、硒、碲、钋。其重要性质列于表 7.1。

表 7.1　氧族元素的一些重要性质

元素	O	S	Se	Te	Po
原子序数	8	16	34	52	84
电子构型	[He] $2s^22p^4$	[Ne] $3s^23p^4$	[Ar] $3d^{10}4s^24p^4$	[Kr] $4d^{10}5s^25p^4$	[Xe] $4f^{14}5d^{10}6s^26p^4$
气态原子化 $\Delta H^{\ominus}/(kJ\cdot mol^{-1})$	247	278	207	192	145
熔点/℃	−229	114	221	452	254
沸点/℃	−183	445	685	1087	962
第一电离能/$(kJ\cdot mol^{-1})$	1314	999	941	869	813
共价半径/Å	0.73	1.04	1.17	1.37	—
离子半径 X^{2-}/Å	1.40	1.85	1.95	2.20	—
Pauling 电负性	3.4	2.6	2.6	2.0	—

表中的第一电离能反映了随原子序数增大而变小的趋势。虽然本族元素中并不存在单个原子电离后形成的阳离子,但可形成多电子阳离子如 O_2^+、S_8^{2+}、Se_8^{2+} 和 Te_4^{2+}。同碳族和氮族元素相似,由于在成键方式上存在有无 d 轨道参与的差别。第二周期的氧与本族其他元素有明显的不同。如存在 CO 和 NO,不存在 CS 和 NS;氧最多可和两个氟结合形成 OF_2,而硫可形成 SF_6。由于没有空 d 轨道,第二周期元素和具有孤对电子的元素形成的共价键均弱于同族其他元素。如 O—H 键强于 S—H 键,但 O—O 键和 O—F 键弱于 S—S 键和 S—F 键。将液化后的空气分馏可得到工业规模的氧气,并以液态氧气储存和运输。少量纯氧通过电解碱溶液或催化分解过氧化氢制取。许多含氧酸盐如 KNO_3、$KMnO_4$、$KClO_3$、$K_2S_2O_8$ 热分解也产生氧气。硫以天然硫磺,硬石膏($CaSO_4$)等形式存在,硒和碲通常存在于硫化物矿的杂质中,硒用于光电池和整流元件中,碲被用来硬化铅。因为碲化合物易被人体吸收并随汗液排出有腐败气味的有机衍生物,它的应用受到限制。

(二) 习题及解答

7-1　什么叫同素异形体？氧、硫各有哪些同素异形体？

解:由同种元素组成的、具有不同几何结构和物理性质的单质叫做同素异形体氧的同素异形体有 O_2 和 O_3。硫的同素异形体有 S_8(单斜、斜方)、S_6、S_4 和 S_2。

7-2 完成并配平下列反应方程式：

$H_2S + SO_2 \longrightarrow$

$Cu + H_2SO_4 \longrightarrow$

$S + H_2SO_4$(浓)$\longrightarrow$

$H_2S + H_2SO_4$(浓)$\longrightarrow$

$(NH_4)_2S_2O_8 + MnSO_4 + H_2O \longrightarrow$

$Na_2S_2O_3 + HCl \longrightarrow$

$KHSO_4(s) + Al_2O_3(s) \longrightarrow$

$ZnS(s) + CuSO_4(aq) \longrightarrow$

$KMnO_4 + Na_2SO_3 + H_2SO_4 \longrightarrow$

$HgS + HNO_3 + HCl \longrightarrow$

解：$2H_2S + SO_2 \longrightarrow 3S + 2H_2O$

$Cu + 2H_2SO_4$(浓)$\longrightarrow CuSO_4 + SO_2 + 2H_2O$

$S + 2H_2SO_4$(浓)$\longrightarrow 3SO_2 + 2H_2O$

$H_2S + H_2SO_4$(浓)$\longrightarrow S + SO_2 + 2H_2O$

$5(NH_4)_2S_2O_8 + 2MnSO_4 + 8H_2O \xrightarrow{AgNO_3} 2HMnO_4 + 5(NH_4)_2SO_4 + 7H_2SO_4$

$Na_2S_2O_3 + 2HCl \longrightarrow 2NaCl + S + H_2SO_3$

$6KHSO_4(s) + Al_2O_3 \longrightarrow Al_2(SO_4)_3 + 3K_2SO_4 + 3H_2O$

$ZnS(s) + CuSO_4(aq) \longrightarrow CuS(s) + ZnSO_4(aq)$

$2KMnO_4 + 5Na_2SO_3 + 3H_2SO_4 \longrightarrow K_2SO_4 + 2MnSO_4 + 5Na_2SO_4 + 3H_2O$

$3HgS + 2HNO_3 + 12HCl \longrightarrow 3H_2HgCl_4 + 2NO + 3S + 4H_2O$

7-3 制备氧化物有哪几种方法？

解：(1) 单质和 O_2 反应

例：$4Al + O_2 = 2Al_2O_3$　　$C + O_2 = CO_2$

(2) 含氧酸盐的热分解

例：$CaCO_3 = CO_2 + CaO$

(3) 氢氧化物受热脱水

例：$Mg(OH)_2 = MgO + H_2O$

(4) 某些金属离子和碱作用

例：$2Ag^+ + 2OH^- = Ag_2O + H_2O$

(5) 金属硫化物在空气中燃烧

例：$2ZnS + 3O_2 = 2ZnO + 2SO_2$

(6) 某些金属和高温水蒸气反应

例：$3Fe + 4H_2O = Fe_3O_4 + 4H_2$

7-4　写出实验室制备(1)H_6TeO_6 及(2)$COBr_2$ 的反应式。

解:(1) $Te + ClO_3^- + 3H_2O = H_6TeO_6 + Cl^-$

(2) $CO + Br_2 = COBr_2$

7-5　写出下列物质的化学式:焦硫酸钾、过一硫酸、碲酸、连二亚硫酸钠、芒硝、海波、保险粉。

解:焦硫酸钾:$K_2S_2O_7$;过一硫酸:H_2SO_5;碲酸:H_6TeO_6;连二亚硫酸钠:$Na_2S_2O_4$;芒硝:$Na_2SO_4 \cdot 10H_2O$;海波:$Na_2S_2O_3 \cdot 5H_2O$;保险粉:$Na_2S_2O_4 \cdot 2H_2O$。

7-6　如何制备$(NH_4)_2S_2O_8$ 和 $Na_2S_2O_3$? $Na_2S_2O_3$ 有何特性?

解:电解 NH_4HSO_4 溶液制备$(NH_4)_2S_2O_8$

$$2H^+ + 2SO_4^{2-} \xrightarrow{\text{电解}} H_2 + S_2O_8^{2-}$$

Na_2SO_3 和 S 粉作用制备 $Na_2S_2O_3$

$$Na_2SO_3 + S = Na_2S_2O_3$$

7-7　通 SO_2 入 H_2SeO_3 溶液中,得到什么产物? 写出反应方程式。

解: $H_2SeO_3(aq) + 2SO_2(g) + H_2O = 2H_2SO_4(aq) + Se$

7-8　如何除去工业废气中的 SO_2?

解:(1) 若 SO_2 浓度较大

$$SO_2 + \frac{1}{2}O_2 + H_2O = H_2SO_4$$

(2) 若 SO_2 浓度不大

$$SO_2 + \frac{1}{2}O_2 + Ca(OH)_2 = CaSO_4 + H_2O$$

$$SO_2 + \frac{1}{2}O_2 + 2NH_3 \cdot H_2O = (NH_4)_2SO_4 + 2H_2O$$

(3) 高温还原

$$SO_2 + 2CO = S + 2CO_2$$

7-9　某些矿井中含有 H_2S。如何把 H_2S 转化为单质硫?

解:用以下反应可将 H_2S 转化成 S

$$2H_2S + 3O_2 = 2SO_2 + 2H_2O$$

$$2SO_2 + 4H_2S = 6S + 6H_2O$$

7-10　自然界里以硫化物形式存在的硫矿有哪些? 列举 5 例。

解:有黄铁矿 FeS_2,黄铜矿 $CuFeS_2$,方铅矿 PbS,闪锌矿 ZnS,辉锑矿 Sb_2S_3 等。

7-11　写出下列有关反应的反应式:(1) Na_2SO_3, $NaHSO_3$, $NaHSO_4$, $K_2S_2O_8$ 分别受热。(2) 浓缩 $H_2S_2O_6$, $K_2S_4O_6$, $K_2S_5O_6$ 溶液。

解:(1) $4Na_2SO_3 \xrightarrow{\triangle} 3Na_2SO_4 + Na_2S$

$$2NaHSO_3 \xrightarrow{\triangle} Na_2S_2O_5 + H_2O$$

$$2NaHSO_4 \xrightarrow{\triangle} Na_2S_2O_7 + H_2O \qquad Na_2S_2O_7 \xrightarrow{\triangle} Na_2SO_4 + SO_3$$

$$2K_2S_2O_8 \xrightarrow{\triangle} 2K_2SO_4 + 2SO_3 + O_2$$

(2) $H_2S_2O_6 \xrightarrow{\triangle} H_2SO_4 + SO_2$

$$K_2S_4O_6 \xrightarrow{\triangle} K_2SO_4 + SO_2 + 2S$$

$$K_2S_5O_6 \xrightarrow{\triangle} K_2SO_4 + SO_2 + 3S$$

7-12 完成下列各物质之间的转换：

(1) $Se \rightarrow H_2Se \rightarrow BaSe \rightarrow BaSeO_3 \rightarrow Se \rightarrow SeO_2 \rightarrow BaSeO_4 \rightarrow H_2SeO_4 \rightarrow H_2SeO_3$

(2) $Te \rightarrow TeO_2 \rightarrow H_6TeO_6 \rightarrow TeO_2 \rightarrow Te \quad TeO_3 \rightarrow K_2TeO_4$

解：(1) $Se + H_2 \xrightarrow{\text{高温}} H_2Se$

$$H_2Se + BaCl_2 \longrightarrow BaSe + 2HCl$$

$$BaSe + 2H_2O \longrightarrow H_2Se + Ba(OH)_2$$

$$2H_2Se + 3O_2 \xrightarrow{\text{燃烧}} 2SeO_2 + 2H_2O$$

$$SeO_2 + Ba(OH)_2 \longrightarrow BaSeO_3 + H_2O$$

$$BaSeO_3 + 2SO_2 + H_2O \longrightarrow BaSO_4 + Se + H_2SO_4$$

$$Se + O_2 \xrightarrow{\text{燃烧}} SeO_2$$

$$SeO_2 + Ba(OH)_2 \longrightarrow BaSeO_3 + H_2O$$

$$BaSeO_3 + Cl_2 + H_2O \longrightarrow BaSeO_4 + 2HCl$$

$$BaSeO_4 + H_2SO_4 \longrightarrow BaSO_4 + H_2SeO_4$$

$$H_2SeO_4(\text{浓}) + 2HCl \longrightarrow H_2SeO_3 + Cl_2 + H_2O$$

(2) $Te + O_2 \xrightarrow{\text{燃烧}} TeO_2$

$$3TeO_2 + H_2Cr_2O_7 + 6HNO_3 + 5H_2O \longrightarrow 3H_6TeO_6 + 2Cr(NO_3)_3$$

$$H_6TeO_6 \xrightarrow{\triangle} TeO_3 + 3H_2O$$

$$2TeO_3 + 8HCl \xrightarrow{\triangle} TeO_2 + TeCl_4 + 2Cl_2 + 4H_2O$$

$$2H_2SO_3 + TeO_2 \longrightarrow 2H_2SO_4 + Te$$

$$TeO_3 + 2KOH \xrightarrow{\text{煮沸}} K_2TeO_4 + H_2O$$

7-13 用分子轨道式表示 O_2、F_2 的结构。

解： O_2 $(\sigma_{1s})^2(\sigma_{1s}^*)^2(\sigma_{2s})^2(\sigma_{2s}^*)^2(\sigma_{2p})^2(\pi_{2p})^4(\pi_{2p}^*)^2$

F_2 $(\sigma_{1s})^2(\sigma_{1s}^*)^2(\sigma_{2s})^2(\sigma_{2s}^*)^2(\sigma_{2p})^2(\pi_{2p})^4(\pi_{2p}^*)^4$

7-14 为什么不能长期保存硫化氢水溶液？长期放置的 Na_2S 或 $(NH_4)_2S$ 为什么颜色会变深？

解：H_2S 在空气中被氧化成硫，溶液因此变浑浊。

$$2H_2S(aq) + O_2(g) = 2S(s) + 2H_2O$$

S^{2-} 在空气中被氧化成 S，S 与 S^{2-} 结合成多硫离子 S_x^{2-}，使溶液颜色变深？

$$S^{2-}(aq) + O_2(g) + 2H_2O = 2S(s) + 2OH^-(aq)$$

$$S^{2-}(aq) + (x-1)S = S_x^{2-}$$

7-15 请用实验事实证明 Na_2O, BaO, Al_2O_3, Cr_2O_3, CrO_3, SiO_2 分别是酸性、碱性或两性的化合物。

解：Na_2O 能和酸性氧化物 CO_2 作用生成盐 Na_2CO_3，所以是碱性氧化物。

$$Na_2O + CO_2 = Na_2CO_3$$

BaO 能和酸 HCl(aq)作用生成盐 $BaCl_2$ 和水，是碱性氧化物

$$BaO + HCl(aq) = BaCl_2 + H_2O$$

Al_2O_3 既能和 HCl 作用生成盐和水，又能和碱 NaOH 作用生成酸式盐，所以是两性氧化物。

$$Al_2O_3 + 6HCl(aq) = 2AlCl_3 + 3H_2O$$

$$Al_2O_3 + 2NaOH + 3H_2O = 2NaAl(OH)_4$$

Cr_2O_3 既能和 HCl 作用生成盐和水，又能和 NaOH 作用生成酸式盐，所以是两性氧化物。

$$Cr_2O_3 + 6HCl(aq) = 2CrCl_3 + 3H_2O$$

$$Cr_2O_3 + 2NaOH + 3H_2O = 2NaCr(OH)_4$$

CrO_3 和碱作用生成盐和水，是酸性氧化物。

$$CrO_3 + 2NaOH = Na_2CrO_4 + H_2O$$

SiO_2 和碱作用生成盐和水，是酸性氧化物。

$$SiO_2 + 2NaOH = Na_2SiO_3 + H_2O$$

7-16 比较 H_2O, Na_2O, Na_2O_2 和 H_2S, Na_2S, Na_2S_2 的性质。

解：酸碱性：H_2S(aq)酸性比 H_2O 强；Na_2O(aq)碱性比 Na_2S(aq)强。

氧化还原性：H_2S 还原性比 H_2O 强；Na_2O_2 氧化性比 Na_2S_2 强。

7-17 (1) 少量 $Na_2S_2O_3$ 溶液和 $AgNO_3$ 溶液反应生成白色沉淀，沉淀随即变成棕色，最后变成黑色。写出反应的方程式。(2) 写出过量 $Na_2S_2O_3$ 溶液和 $AgNO_3$ 溶液反应的方程式。

解：(1) $2Ag^+(aq) + S_2O_3^{2-}(aq) = Ag_2S_2O_3(s)$ (白色)

$$Ag_2S_2O_3(s) + H_2O = Ag_2S(s)\ (黑色) + 2H^+ + SO_4^{2-}$$

(2) $Ag^+(aq)+2S_2O_3^{2-}(aq) \longrightarrow [Ag(S_2O_3)_2]^{3-}(aq)$

7-18　有人根据 MS 溶度积和溶解度 s 的关系式 $K_{sp}=s^2$ 计算 HgS 的溶解度。请判断这种算法是否正确？

解:对于 AB 型难溶物，$K_{sp}=s^2$适用于阴阳离子均无水解和络合作用的物质。对于 HgS,在水溶液中有如下平衡

$$HgS(s) \longrightarrow Hg^{2+}(aq)+S^{2-}(aq) \qquad K_1=K_{sp}=6.44\times10^{-53}$$

$$S^{2-}(aq)+H^+(aq) \longrightarrow HS^-(aq) \qquad K_2=1/K_{a_2}=\frac{1}{1.1\times10^{-12}}$$

$$+)\quad H_2O \longrightarrow OH^-(aq)+H^+(aq) \qquad K_3=K_w=10^{-14}$$

$$HgS(s)+H_2O \longrightarrow Hg^{2+}(aq)+HS^-(aq)+OH^-(aq) \qquad K=K_1K_2K_3$$

平衡时　s　　s　　s

$$s^3=K=\frac{K_{sp}K_w}{K_{a_2}}=\frac{6.44\times10^{-53}\times10^{-14}}{1.1\times10^{-12}}$$

$$s=\left(\frac{6.44\times10^{-55}}{1.1}\right)^{1/3}=8.4\times10^{-19}$$

若按 $K_{sp}=s^2$计算，得

$$s=(6.44\times10^{-53})^{1/2}=8.02\times10^{-27}$$

可见由于 S^{2-} 水解作用对 HgS(s)的溶解度的影响是很大的。

7-19　试比较硫、硒、碲的氢化物、氧化物、含氧酸及其盐的性质。

解:氢化物：H_2S　H_2Se　H_2Te 酸性依次增强；还原性依次增强。

氧化物：SO_2　SeO_2　TeO_2 常温常压下 SO_2 是气体，SeO_2 和 TeO_2 是固体。SO_2 还原性强，SeO_2 氧化性强。

含氧酸：H_2SO_3　H_2SeO_3　H_2TeO_3 酸性依次减弱；氧化性依次增强。

H_2SO_4　H_2SeO_4　H_6TeO_6 酸性依次减弱；氧化性依次增强。

盐：硫化物、硒化物、碲化物均为难溶盐。

MSO_4 和 $MSeO_4$ 的晶型、溶解度、所含结晶水都相近。

7-20　写出氧化态为 +2，+4，+6 的硫、硒的卤化物各一种。

解:(+2) SCl_2，SF_2，SeF_2

(+4) SF_4，SeF_4

(+6) SF_6，SeF_6

7-21　已知 $CaCO_3$，CaC_2O_4 和 $BaSO_4$ 的溶度积相近。请判断哪种能溶于 HAc？哪种能溶于强酸？哪种不溶于酸？

解:有关反应及平衡常数

(1) $CaCO_3(s)+2HAc \longrightarrow Ca^{2+}(aq)+2Ac^-(aq)+H_2CO_3 \qquad K_1$

$$CaCO_3(s) + 2H^+ \longrightarrow Ca^{2+}(aq) + H_2CO_3 \qquad K_2$$

$$K_1 = \frac{[Ca^{2+}][Ac^-]^2[H_2CO_3]}{[HAc]^2} = [Ca^{2+}][CO_3^{2-}] \times \frac{[H_2CO_3]}{[H^+]^2[CO_3^{2-}]} \times \frac{[Ac^-]^2[H^+]^2}{[HAc]^2}$$

$$= K_{sp(CaC_2O_4)} \times 1/[K_{a_1}K_{a_2(H_2CO_3)}] \times K^2_{a(HAc)}$$

$$= 4.96\times10^{-9} \times \frac{1}{4.30\times10^{-7}\times5.61\times10^{-11}} \times (1.76\times10^{-5})^2$$

$$= 6.37\times10^{-2}$$

$$K_2 = \frac{[Ca^{2+}][H_2CO_3]}{[H^+]} = [Ca^{2+}][CO_3^{2-}] \times \frac{[H_2CO_3]}{[H^+]^2[CO_3^{2-}]}$$

$$= K_{sp(CaC_2O_4)} \times 1/[K_{a_1}K_{a_2(H_2CO_3)}]$$

$$= 4.96\times10^{-9} \times \frac{1}{4.30\times10^{-7}\times5.61\times10^{-11}}$$

$$= 2.06\times10^8$$

由 K_1 和 K_2 值可知，$CaCO_3$ 易溶于稀强酸，也可溶于一定浓度的 HAc。

(2) $CaC_2O_4(s) + HAc(aq) \longrightarrow Ca^{2+}(aq) + Ac^-(aq) + HC_2O_4^-(aq) \qquad K_1$

$CaC_2O_4(s) + 2H^+(aq) \longrightarrow Ca^{2+}(aq) + H_2C_2O_4(aq) \qquad K_2$

$$K_1 = K_{sp(CaC_2O_4)} \times 1/[K_{a_2(HC_2O_4^-)}] \times K_{a(HAc)}$$

$$= 2.34\times10^{-9} \times \frac{1}{6.40\times10^{-5}} \times 1.76\times10^{-5}$$

$$= 6.44\times10^{-10}$$

$$K_2 = K_{sp(CaC_2O_4)} \times 1/[K_{a_2}K_{a_2(HC_2O_4^-)}]$$

$$= 2.34\times10^{-9} \times \frac{1}{5.90\times10^{-2}\times6.40\times10^{-5}}$$

$$= 6.20\times10^{-4}$$

由 K_1 和 K_2 值可知，CaC_2O_4 可溶于一定浓度的强酸，不溶于 HAc。

(3) $BaSO_4(s) + HAc(aq) \longrightarrow Ba^{2+}(aq) + Ac^-(aq) + HSO_4^-(aq) \qquad K_1$

$BaSO_4(s) + H^+(aq) \longrightarrow Ba^{2+}(aq) + HSO_4^-(aq) \qquad K_2$

$$K_1 = K_{sp(BaSO_4)} \times 1/K_{a(HSO_4^-)} \times K_{a(HAc)}$$

$$= 1.07\times10^{-10} \times \frac{1}{1.2\times10^{-2}} \times 1.76\times10^{-5}$$

$$= 1.57\times10^{-13}$$

$$K_2 = K_{sp(BaSO_4)} \times 1/K_{a(HSO_4^-)}$$

$$= 1.07\times10^{-10} \times \frac{1}{1.2\times10^{-2}} = 8.9\times10^{-9}$$

由 K_1 和 K_2 值可知，$BaSO_4$ 既不溶于 HAc 也不溶于强酸。

7-22　根据 $HBrO_4(H_2SeO_4)$ 酸性和 $HClO_4(H_2SO_4)$ 相似，前者的氧化性强于后者，推测并比较 H_3PO_4 和 H_3AsO_4 的酸性和氧化性。查出相应数据，与推断结果进行比较。

解： H_3PO_4 和 H_3AsO_4 的酸性相近

H_3PO_4　$K_1 = 7.6\times10^{-3}$　H_3AsO_4　$K_1 = 6.3\times10^{-3}$

　$K_2 = 7.6\times10^{-3}$　　$K_2 = 1.0\times10^{-7}$

　$K_3 = 4.4\times10^{-5}$　　$K_3 = 3.2\times10^{-12}$

H_3AsO_4 的氧化性强于 H_3PO_4

查得　H_3PO_4　$E^{\ominus}_{H_3PO_4/H_3PO_3} = -0.28V$

　H_3AsO_4　$E^{\ominus}_{H_3AsO_4/H_3AsO_3} = -0.50V$

7-23　对于反应 $3O_2 \longrightarrow 2O_3$，25℃ 的 $\Delta H^{\ominus} = 284kJ$，平衡常数为 10^{-54}，计算此反应的 $\Delta G^{\ominus}$ 和 $\Delta S^{\ominus}$。

解： $\Delta G^{\ominus} = (-2.30RT)\lg K = (-2.30)\times8.31J\cdot mol^{-1}\cdot K^{-1}\times298K\times(-54)$

$= 308kJ\cdot mol^{-1}$

$\Delta G^{\ominus} = \Delta H^{\ominus} - T\Delta S^{\ominus}$

$\Delta S^{\ominus} = (\Delta H^{\ominus} - \Delta G^{\ominus})/T = (284-308)/298K\times10^3J\cdot mol^{-1} = -80.5J\cdot mol^{-1}\cdot K^{-1}$

7-24　为什么可以通过在暂时硬水中加入适量 $Ca(OH)_2$ 来减少 Ca^{2+}？

解： 含有 $Ca(HCO_3)_2$ 的水为暂时硬水，加入 $Ca(OH)_2$，可生成 $CaCO_3$ 沉淀以除去 Ca^{2+}

$$Ca^{2+} + 2HCO_3^- + Ca(OH)_2 \longrightarrow 2CaCO_3 + 2H_2O$$

$$K = \frac{1}{[Ca^{2+}][HCO_3^-]^2} = \frac{1}{[Ca^{2+}]^2[CO_3^{2-}]^2}\times\frac{[Ca^{2+}]^2[H^+]^2}{[HCO_3^-]^2}\times\frac{[Ca^{2+}][OH]^2}{[H^+]^2[OH]^2}$$

$$= \frac{K_{a_2}^2 K_{sp[Ca(OH)_2]}}{K_{sp(CaCO_3)}K_w^2} = \frac{(5.6\times10^{-11})^2(5.6\times10^{-6})}{(5.6\times10^{-9})^2(10^{-14})^2} = 6.8\times10^{10}$$

7-25　根据平衡常数计算，说明 CuS 和 HgS 被硝酸氧化的可能性。

解：(1) CuS 与 HNO_3 反应的平衡常数

查得：$NO_3^- + 4H^+ + 3e \longrightarrow NO + 2H_2O$　　$E^{\ominus} = 0.96V$

$S + 2e \longrightarrow S^{2-}$　　$E^{\ominus} = -0.447V$

$2NO_3^- + 8H^+ + 3S^{2-} \longrightarrow 2NO + 3S + 4H_2O$　　K_1

$3CuS(s) \longrightarrow 3Cu^{2+} + 3S^{2-}$　　$K_2 = K_{sp}^3 = (6\times10^{-36})^3$

$3CuS(s) + 2NO_3^- + 8H^+ \longrightarrow 2NO + 3S + 4H_2O + 3Cu^{2+}$　K

$$\lg K_1 = \frac{0.96-(-0.447)}{0.059}\times6 = 143$$

$$K_1 = 10^{143}$$

$$K = K_1 \times K_2 = 10^{143} \times 6^3 \times 10^{-36\times 3} = 2 \times 10^{37}$$

计算结果说明 CuS 能被硝酸氧化而溶解。

(2) HgS 与 HNO_3 反应的平衡常数

$$2NO_3^- + 8H^+ + 3S^{2-} \xlongequal{} 2NO + 3S + 4H_2O \qquad K_1 = 10^{143}$$

$$3HgS(s) \xlongequal{} 3Hg^{2+} + 3S^{2-} \qquad K_2 = K_{sp}^3 = (2\times 10^{-52})^3$$

$$3HgS(s) + 2NO_3^- + 8H^+ \xlongequal{} 2NO + 3S + 4H_2O + 3Hg^{2+} \qquad K$$

$$K = K_1 \times K_2 = 10^{143} \times 2^3 \times 10^{-52\times 3} = 8 \times 10^{-13}$$

计算结果说明 HgS 不能被硝酸氧化,所以难溶于硝酸。

7-26　如何进行阴离子的系统定性分析

解:将阴离子按以下步骤分成 4 组分析

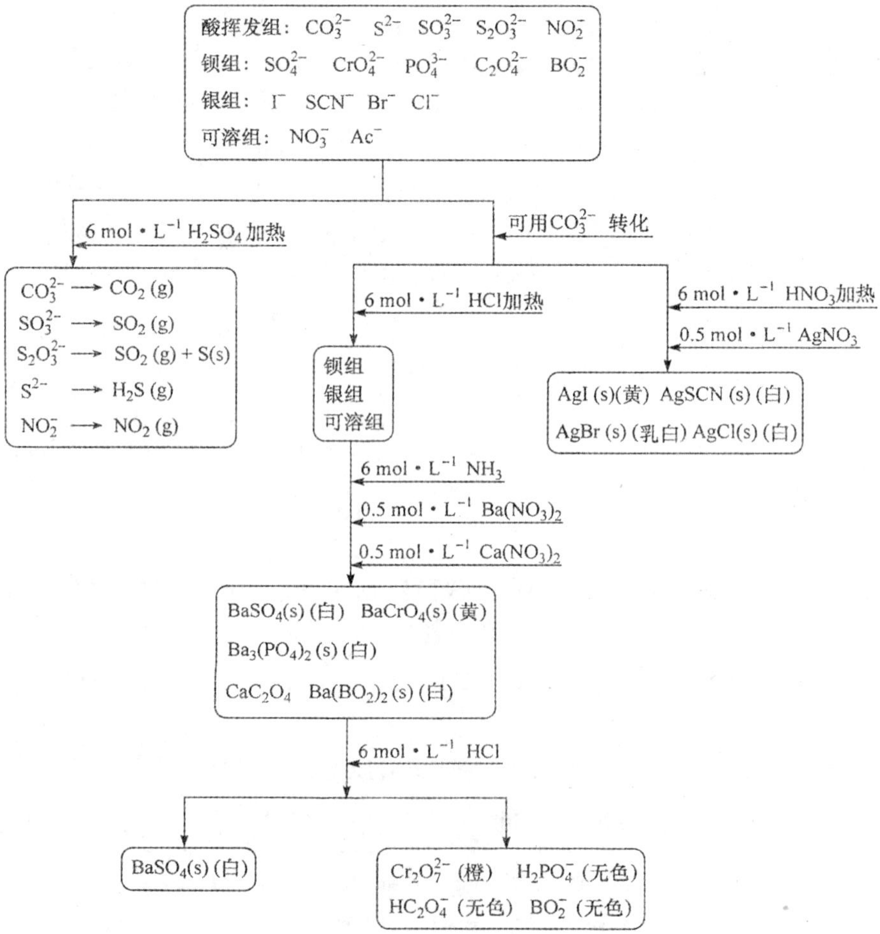

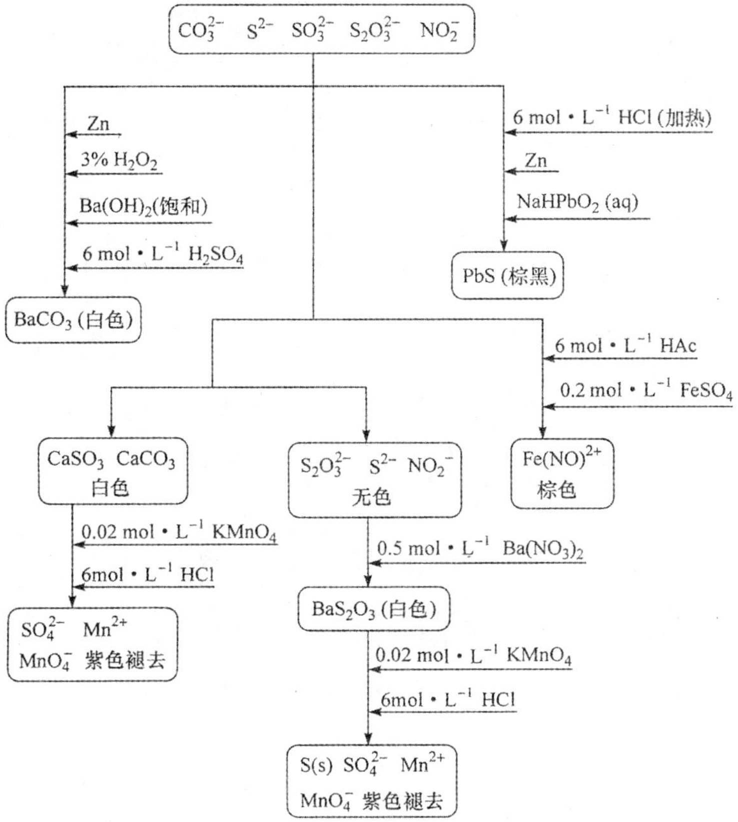
CO₃²⁻ S²⁻ SO₃²⁻ S₂O₃²⁻ NO₂⁻
Zn
3% H₂O₂
Ba(OH)₂(饱和)
6 mol · L⁻¹ H₂SO₄
BaCO₃ (白色)
6 mol · L⁻¹ HCl (加热)
Zn
NaHPbO₂ (aq)
PbS (棕黑)
6 mol · L⁻¹ HAc
0.2 mol · L⁻¹ FeSO₄
Fe(NO)²⁺ 棕色
CaSO₃ CaCO₃ 白色
0.02 mol · L⁻¹ KMnO₄
6mol · L⁻¹ HCl
SO₄²⁻ Mn²⁺ MnO₄⁻ 紫色褪去
S₂O₃²⁻ S²⁻ NO₂⁻ 无色
0.5 mol · L⁻¹ Ba(NO₃)₂
BaS₂O₃ (白色)
0.02 mol · L⁻¹ KMnO₄
6mol · L⁻¹ HCl
S(s) SO₄²⁻ Mn²⁺ MnO₄⁻ 紫色褪去

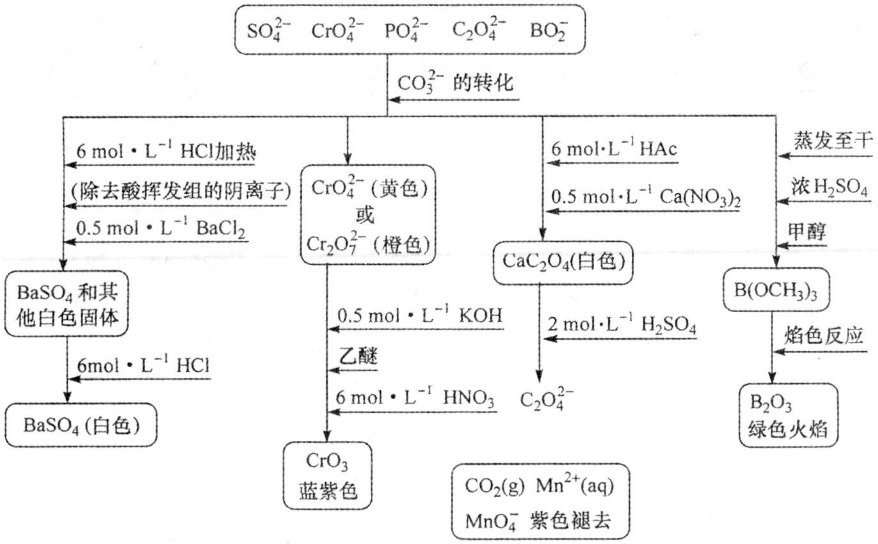
SO₄²⁻ CrO₄²⁻ PO₄²⁻ C₂O₄²⁻ BO₂⁻
CO₃²⁻ 的转化
6 mol · L⁻¹ HCl加热
(除去酸挥发组的阴离子)
0.5 mol · L⁻¹ BaCl₂
BaSO₄ 和其他白色固体
6mol · L⁻¹ HCl
BaSO₄ (白色)
CrO₄²⁻ (黄色) 或 Cr₂O₇²⁻ (橙色)
0.5 mol · L⁻¹ KOH
乙醚
6 mol · L⁻¹ HNO₃
CrO₃ 蓝紫色
6 mol·L⁻¹ HAc
0.5 mol·L⁻¹ Ca(NO₃)₂
CaC₂O₄(白色)
2 mol·L⁻¹ H₂SO₄
C₂O₄²⁻
CO₂(g) Mn²⁺(aq) MnO₄⁻ 紫色褪去
蒸发至干
浓 H₂SO₄
甲醇
B(OCH₃)₃
焰色反应
B₂O₃ 绿色火焰

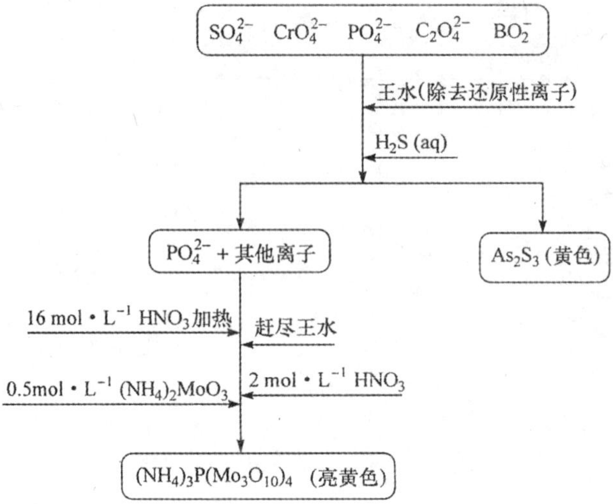

7-27　怎样鉴定 O_3 和 H_2O_2？写出有关反应的方程式。

解: O_3 在酸性和碱性介质中都有较强的氧化性,它和 I^- 的反应可用来鉴定 O_3。

$$O_3 + 2H^+ + 2e = O_2 + H_2O \qquad E^\ominus = 2.07\ V$$

$$O_3 + H_2O + 2e = O_2 + OH^- \qquad E^\ominus = 1.24V$$

$$I_2 + 2e = 2I^- \qquad E^\ominus = 0.536V$$

$$O_3 + 2I^- + 2H^+ = O_2 + I_2 + H_2O \qquad E^\ominus_{电池} = 1.43V$$

$$O_3 + H_2O + 2I^- = O_2 + I_2 + OH^- \qquad E^\ominus_{电池} = 0.70V$$

$K_2Cr_2O_7$ 和 H_2O_2 反应生成的过氧化铬 CrO_5,溶于乙醚呈蓝紫色,易分解产生 O_2。这个反应可用来鉴定 H_2O_2 和 $Cr_2O_7^{2-}$。

$$Cr_2O_7^{2-} + 4H_2O_2 + 2H^+ = 2CrO_5 + 5H_2O$$

$$4CrO_5 + 12H^+ = 4Cr^{3+} + 7O_2 + 6H_2O$$

7-28　某溶液中通入 H_2S 达饱和,当 pH = 0.50 时,计算:(1) $[S^{2-}]$ 为多少;(2)每升中有多少个 S^{2-}？

解:(1) $[H_3O^+] = 10^{-pH} = 10^{-0.50} = 0.32(mol \cdot L^{-1})$

$$[S^{2-}] = \frac{1.1\times10^{-22}}{[H_3O^+]^2} = \frac{1.1\times10^{-22}}{(0.32)^2} = 1.1\times10^{-21}(mol\cdot L^{-1})$$

(2) 用 Avogadro 常量计算每升中有多少个 S^{2-}。

$$\frac{N_{S^{2-}}}{L} = \frac{1.1\times10^{-21}mol}{1L}\times\frac{6.02\times10^{23}}{1mol} = 660\ L^{-1}$$

7-29　某溶液中 $[Pb^{2+}] = 0.020mol\cdot L^{-1}$,调节 pH = 0.50 后通 H_2S 至饱和。

由上题所得结果，计算该溶液中 PbS 沉淀后的$[Pb^{2+}]$。

解：由上题的结果：$[S^{2-}]=1.1\times10^{-21}(mol\cdot L^{-1})$

$$K_{sp}=[Pb^{2+}][S^{2-}]=8.0\times10^{-28}$$

$$[Pb^{2+}]=\frac{8.0\times10^{-28}}{1.1\times10^{-21}}=7.3\times10^{-7}(mol\cdot L^{-1})$$

7-30　(1)往$[Cu^{2+}]=0.10mol\cdot L^{-1}$溶液中通 H_2S 气体达饱和，CuS 沉淀是否完全？(2)通 H_2S 气体达饱和，使溶液中 Zn^{2+} 成 ZnS 完全沉淀，溶液 pH 应是多少？(3)通 H_2S 气体达饱和，使溶液中 Fe^{2+} 以 FeS 完全沉淀，溶液 pH 应是多少？(4)某溶液中含有 Fe^{2+}，Zn^{2+} 及 Cu^{2+}，它们的起始浓度都是 $0.10mol\cdot L^{-1}$。若向溶液中通入 H_2S 气体以分离这三种离子，如何控制溶液的酸度？

解：(1)

$$H_2S(aq)\rightleftharpoons H^+(aq)+HS^-(aq)\qquad K_1$$

$$HS^-(aq)\rightleftharpoons H^+(aq)+S^{2-}(aq)\qquad K_2$$

$$+\quad Cu^{2+}(aq)+S^{2-}(aq)\rightleftharpoons CuS(s)\qquad 1/K_{sp}$$

$$Cu^{2+}(aq)+H_2S(aq)\rightleftharpoons CuS(s)+2H^+(aq)$$

$$K=\frac{K_1K_2}{K_{sp}}=\frac{9.1\times10^{-8}\times1.1\times10^{-12}}{1.27\times10^{-36}}=7.9\times10^{16}$$

因为 K 值很大，可假定 CuS 沉淀完全。因为 H_2S 饱和水溶液的$[H_2S]=0.10mol\cdot L^{-1}$，所以 CuS 沉淀后的$[H^+]=2\times0.10=0.20mol\cdot L^{-1}$。

设平衡时$[Cu^{2+}]=x$，则

$$Cu^{2+}(aq)+H_2S(aq)\rightleftharpoons CuS(s)+2H^+(aq)$$

$$x\qquad 0.10\qquad\qquad 0.20$$

$$\frac{0.20^2}{0.10x}=7.9\times10^{16}$$

$$[Cu^{2+}]=x=\frac{0.040}{0.10\times7.9\times10^{16}}=5.1\times10^{-18}(mol\cdot L^{-1})$$

$[Cu^{2+}]$浓度很低，可见 CuS 在此条件下已沉淀完全。

(2) 当溶液中$[Zn^{2+}]<10^{-6}mol\cdot L^{-1}$时，可以认为 Zn^{2+} 已沉淀完全。H_2S 饱和水溶液的$[H_2S]=0.10mol\cdot L^{-1}$。若要 Zn^{2+} 沉淀完全，可设平衡时 H^+ 的浓度为 x。

$$[Zn^{2+}]=10^{-6}mol\cdot L^{-1},[H_2S]=0.10mol\cdot L^{-1},[H^+]=x$$

$$Zn^{2+}(aq)+H_2S(aq)\rightleftharpoons ZnS(s)+2H^+(aq)$$

$$10^{-6}\qquad 0.10\qquad\qquad x$$

$$K=\frac{K_1K_2}{K_{sp}}=\frac{9.1\times10^{-8}\times1.1\times10^{-12}}{2.0\times10^{-22}}=5.0\times10^2$$

$$\frac{x^2}{0.10 \times 10^{-6}} = 5.0 \times 10^2$$

$$[H^+] = x = (5.0 \times 10^2 \times 0.1 \times 10^{-6})^{1/2} = 7.1 \times 10^{-3}(\text{mol} \cdot L^{-1})$$

$$pH = -\lg[H^+] = 2.15$$

(3) $Fe^{2+}(aq) + H_2S(aq) \xlongequal{} FeS(s) + 2H^+(aq)$

10^{-6}　　0.10　　　　x

$$K = \frac{K_1K_2}{K_{sp}} = \frac{9.1 \times 10^{-8} \times 1.1 \times 10^{-12}}{1.59 \times 10^{-19}} = 0.63$$

$$\frac{x^2}{0.10 \times 10^{-6}} = 0.63$$

$$[H^+] = x = (0.63 \times 0.10 \times 10^{-6})^{1/2} = 2.5 \times 10^{-4}(\text{mol} \cdot L^{-1})$$

$$pH = -\lg[H^+] = 3.60$$

(4) 设当$[Zn^{2+}]=0.1\text{mol}\cdot L^{-1}$,$[H_2S]=0.10\text{mol}\cdot L^{-1}$,$[H^+]=x$

$$Zn^{2+}(aq) + H_2S(aq) \xlongequal{} ZnS(s) + 2H^+(aq)$$

0.1　　0.10　　　　x

$$\frac{x^2}{0.1 \times 0.10} = 5.0 \times 10^2$$

$$[H^+] = x = (5.0 \times 10^2 \times 0.10 \times 0.10)^{1/2} = 2.2(\text{mol} \cdot L^{-1})$$

即当溶液的$[H^+]=2.2\text{mol}\cdot L^{-1}$时,$Zn^{2+}$不沉淀。而在此条件下,$[Cu^{2+}]=x$

$$Cu^{2+}(aq) + H_2S(aq) \xlongequal{} CuS(s) + 2H^+(aq)$$

x　　0.10　　　　2.2

$$\frac{2.2^2}{0.10x} = 7.9 \times 10^{16}$$

$$[Cu^{2+}] = x = \frac{2.2}{0.10 \times 7.9 \times 10^{16}} = 6.1 \times 10^{-16}(\text{mol} \cdot L^{-1})$$

已沉淀完全。

设当$[Fe^{2+}]=0.1\text{mol}\cdot L^{-1}$,$[H_2S]=0.10\text{mol}\cdot L^{-1}$,$[H^+]=x$

$$Fe^{2+}(aq) + H_2S(aq) \xlongequal{} FeS(s) + 2H^+(aq)$$

10^{-6}　　0.10　　　　x

$$\frac{x^2}{0.10 \times 0.10} = 0.63$$

$$[H^+] = x = (0.63 \times 0.10 \times 0.10)^{1/2} = 7.9 \times 10^{-2}(\text{mol} \cdot L^{-1})$$

$$pH = -\lg[H^+] = 1.10$$

即当溶液的 pH=1.10 时,Fe^{2+}不沉淀。而在此条件下,$[Zn^{2+}]=x$

$$Zn^{2+}(aq) + H_2S(aq) \xlongequal{} ZnS(s) + 2H^+(aq)$$

x　　0.10　　　　7.9×10^{-2}

$$\frac{(7.9\times10^{-2})^2}{0.10x}=5.0\times10^2$$

$$[Zn^{2+}]=x=1.2\times10^{-4}(mol\cdot L^{-1})$$

根据以上计算，对于含有起始浓度都是 $0.10mol\cdot L^{-1}$ 的 Fe^{2+}、Zn^{2+} 及 Cu^{2+} 溶液，可加 $6mol\cdot L^{-1}$ HCl 使溶液显酸性，即 $[H^+]=2mol\cdot L^{-1}$，通 H_2S 至饱和，CuS 沉淀，而 Zn^{2+} 和 Fe^{2+} 不沉淀；用 NH_4Ac 调节 pH＝1.1，ZnS 基本沉淀，而 FeS 不沉淀；分离后再用 $NH_3\cdot H_2O$ 调节 pH＝3.6，FeS 沉淀。

7-31 若某溶液中含有 Zn^{2+} 和 Cu^{2+}，它们的浓度都是 $0.10mol\cdot L^{-1}$。向溶液中通入 H_2S 气体达饱和，能否使这两种离子均以硫化物 MS 形式完全沉淀？如沉淀不完全，请计算转化为 MS 沉淀的离子的百分数。

解：由 7-30 题(1)的结果，在此条件下，$[Cu^{2+}]=5.1\times10^{-18}mol\cdot L^{-1}$，CuS 已沉淀完全。并且 H^+ 离子浓度为 $0.2mol\cdot L^{-1}$。

$$Zn^{2+}(aq)+H_2S(aq)═══ZnS(s)+2H^+(aq)$$

	$Zn^{2+}(aq)$	$H_2S(aq)$	$ZnS(s)$	$2H^+(aq)$
起始浓度	0.10	0.10		
平衡浓度	$(0.10-x)$	0.10		$(0.2+2x)$

$$\frac{(0.2+2x)^2}{0.10\times(0.1-x)}=5.0\times10^2$$

$$x=0.097(mol\cdot L^{-1})$$

$$\frac{0.097}{0.10}\times100\%=97\%$$

有 97% 的 Zn^{2+} 生成了 ZnS 沉淀。

7-32 往一份溶液中加酸后得白色乳状 S。问原始溶液中可能含有哪几种含硫的化合物？

解：可能含有 S_x^{2-}、$S_2O_3^{2-}$、SO_3^{2-} 和 S^{2-} 的混合物。

(1) S_x^{2-}

$$S_x^{2-}(aq)+2H^+(aq)═══(x-1)S(s)+SO_2(g)+H_2O$$

(2) $S_2O_3^{2-}$

$$S_2O_3^{2-}(aq)+2H^+(aq)═══S(s)+SO_2(g)+H_2O$$

(3) SO_3^{2-} 和 S^{2-}

$$2SO_3^{2-}(aq)+2S^{2-}(aq)+8H^+═══3S(s)+SO_2(aq)+4H_2O$$

7-33 固体 Na_2SO_3 中常含有 Na_2SO_4，应该怎样从 Na_2SO_3 中分别检出 SO_3^{2-} 和 SO_4^{2-}？

解：

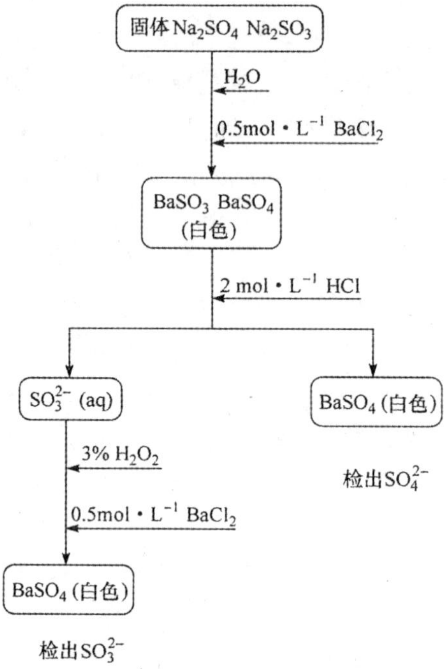

7-34　已知 $Cu(IO_3)_2$ 的 $K_{sp}=1.1\times10^{-7}$。今用下列方法测定 $Cu(IO_3)_2$ 饱和溶液的浓度：往 100mL $Cu(IO_3)_2$ 饱和溶液中加足量酸化了的 KI 溶液得 I_2。再用 $Na_2S_2O_3$ 溶液滴定 I_2。如果 $Na_2S_2O_3$ 溶液的浓度为 $0.110mol\cdot L^{-1}$。问需要多少毫升溶液?

解：实验要测定的是 $Cu(IO_3)_2$ 的溶解度

$$Cu(IO_3)_2(s) = Cu^{2+}(aq) + 2IO_3^{2-}(aq)$$

$$x \qquad\qquad 2x$$

由 $(2x)^2x = K_{sp} = 1.1\times10^{-7}$ 可估算

$$x = \left(\frac{1.1\times10^{-7}}{4}\right)^{\frac{1}{3}} = 3.0\times10^{-3}(mol\cdot L^{-1})$$

与酸化了的 KI 溶液反应的方程式为

$$Cu^{2+}(aq) + 2IO_3^{2-}(aq) + 12I^-(aq) + 12H^+(aq) = CuI(s) + \frac{13}{2}I_2(s) + 6H_2O \quad (1)$$

$Na_2S_2O_3$ 溶液滴定 I_2 的反应方程式为

$$2S_2O_3^{2-}(aq) + I_2 = S_4O_6^{2-}(aq) + 2I^-(aq)$$

也可作

$$13S_2O_3^{2-}(aq) + \frac{13}{2}I_2 = \frac{13}{2}S_4O_6^{2-}(aq) + 13I^-(aq) \quad (2)$$

(1)+(2)式得

$$Cu^{2+}(aq)+2IO_3^{2-}(aq)+13S_2O_3^{2-}(aq)+12H^+(aq)=\!=\!=CuI(s)+\frac{13}{2}S_2O_4^{2-}(aq)+I^-(aq)+6H_2O$$

即

$$n_{S_2O_3^{2-}}=13n_{Cu^{2+}}$$

$$V_{S_2O_3^{2-}}=\frac{13\times3.0\times10^{-3}mol\cdot L^{-1}\times100mL}{0.110mol\cdot L^{-1}}=35.5mL$$

7-35 往某含硫溶液中加少量硫磺粉,不久硫即消失。原溶液中可能含有 S^{2-} 或 SO_3^{2-} 或有二者存在。请设计实验,判断原溶液中究竟有哪些含硫化合物?

解:(1) 往溶液中加入亚硝酰铁氰化钠,若显紫红色,表明有 S^{2-} 存在。

$$S^{2-}(aq)+[Fe(CN)_5NO]^{2-}(aq)=\!=\!=[Fe(CN)_5NOS]^{4-}(aq)\text{(紫红色)}$$

(2) 往溶液中加入 Br_2 水和 $BaCl_2$-HNO_3 溶液,若生成白色沉淀,表明有 SO_3^{2-}。

$$Br_2(aq)+SO_3^{2-}(aq)+H_2O=\!=\!=2Br^-(aq)+SO_4^{2-}(aq)+2H^+(aq)$$

$$Ba^{2+}(aq)+SO_4^{2-}(aq)=\!=\!=BaSO_4(s)$$

(3) 往溶液中加入稀盐酸,如有 S 生成,表示有 S^{2-} 和 SO_3^{2-}。

7-36 怎样分离检出 S^{2-},SO_3^{2-},$S_2O_3^{2-}$ 的混合溶液?为什么 S^{2-} 会干扰 $S_2O_3^{2-}$,SO_3^{2-} 的检出?

解:检出 $S_2O_3^{2-}$ 的方法为加入 HCl 后有沉淀 S 析出

$$S_2O_3^{2-}+2H^+=\!=\!=S+SO_2+H_2O$$

若溶液中有 S^{2-},同时会有 S_x^{2-} 存在,加酸后也有 S 析出,不能证明 $S_2O_3^{2-}$ 的存在

$$S_x^{2-}+2H^+=\!=\!=(x-1)S+H_2S$$

在检出 SO_3^{2-} 的过程中,需要加入 H_2O_2 氧化 SO_3^{2-} 为 SO_4^{2-},此时若有 $S_2O_3^{2-}$ 存在,也会被氧化成 SO_4^{2-},干扰 SO_3^{2-} 的检出。

具体检出步骤如下所示:

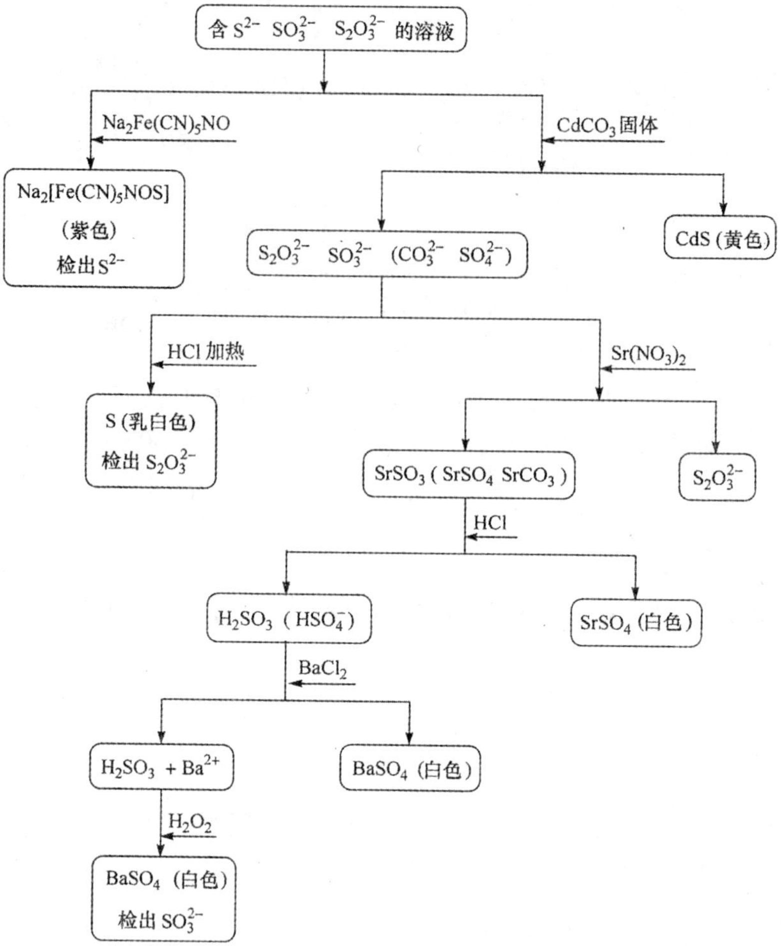

7-37　某溶液中可能存在 S^{2-}, SO_3^{2-}, S_x^{2-}, $S_2O_3^{2-}$, SO_4^{2-}, Cl^-。往此溶液中滴加酸,只嗅到腐卵气味而未见浑浊,问溶液中可能存在哪些离子?

解: S_x^{2-}, $S_2O_3^{2-}$ 加酸后生成 S 的沉淀,所以不会存在。因为有腐卵气味,表明有 H_2S 气体生成,所以应有 S^{2-} 存在。SO_3^{2-} 在加酸后会和 S^{2-} 生成 S 所以不存在。只能确定溶液中 S^{2-} 存在, SO_3^{2-}, S_x^{2-}, $S_2O_3^{2-}$ 不存在,不能确定 SO_4^{2-}, Cl^- 是否存在。

第八章　卤　　素

(一) 概　　述

卤素(halogen)是周期表中的Ⅶ(A)族元素,包括氟、氯、溴、碘、砹。有关砹的数据很少,其他卤素的重要性质列于表8.1。

表 8.1　卤族元素的一些重要性质

元素	F	Cl	Br	I
原子序数	9	17	35	53
电子构型	[He] $2s^22p^5$	[Ne] $3s^23p^5$	[Ar] $3d^{10}4s^24p^5$	[Kr] $4d^{10}5s^25p^5$
熔点/℃	−220	−101	−7	113
沸点/℃	−188	−34	59	183
X_2 的离解焓/($kJ\cdot mol^{-1}$)	159	243	193	151
X(g)的生成焓 $\Delta H_f^\ominus$/($kJ\cdot mol^{-1}$)	79	121	112	107
X 的电子亲合能/($kJ\cdot mol^{-1}$)	−338	−355	−331	−302
X^-(g)的生成焓 $\Delta H_f^\ominus$/($kJ\cdot mol^{-1}$)	−259	−234	−217	−197
第一电离能/($kJ\cdot mol^{-1}$)	1680	1255	1140	1010
X^- 离子水化 $\Delta H^\ominus$/($kJ\cdot mol^{-1}$)	−473	−339	−306	−260
X^- 离子水化 $\Delta S^\ominus$/($J\cdot mol^{-1}\cdot K^{-1}$)	−142	−84	−67	−46
X^- 离子水化 $\Delta G^\ominus$/($kJ\cdot mol^{-1}$)	−432	−314	−284	−247
$E^\ominus_{X_2/X^-}$/V	2.9	1.36	1.07	0.54
共价半径/Å	0.71	0.99	1.14	1.33
离子 X^- 半径/Å	1.33	1.81	1.96	2.20
Pauling 电负性	4.0	3.2	3.0	2.7
HX 的键能/($kJ\cdot mol^{-1}$)	566	431	366	299

卤素是最典型的非金属元素,氟与氯、溴、碘有许多明显的区别。首先,氟是第二周期元素,F 的原子和离子半径都很小,并且价电子层没有可容纳电子的空 d 轨道,F—F 键比 Cl—Cl 键弱得多。但 F 和其他元素形成的氟化物的键能均高于其他卤化物。相对于其他卤素,F 较小的半径使其具有较强的结合能力,如形成的化合物必须是八电子结构,因此氟不存在类似于 $HClO_3$ 或 Cl_2O_7 的化合物。

氟元素以氟石(CaF_2)、氟磷灰石[$Ca_5F(PO_4)_3$]、冰晶石(Na_3AlF_6)等形式存在;氯由电解 NaCl 水溶液制得;溴元素存在于海水中,通过氯气氧化制得;碘存在于海藻中。重要的氟化合物有 HF、BF_3、CaF_2 和一些氯氟烃。氯主要用于制备有机化合物,也被用来制备漂白和杀菌剂。溴和碘除用于制备有机化合物外,也用于摄影业。

(二) 习题及解答

8-1　如何制备 Cl_2,F_2,HCl,HF?

解: Cl_2:(1) $2NaCl + 2H_2O \xrightarrow{电解} 2NaOH + H_2(g) + Cl_2(g)$

(2) $2KMnO_4 + 16HCl \longrightarrow 2KCl + 2MnCl_2 + 5Cl_2 + 8H_2O$

F_2: $2KHF_2 \xrightarrow{电解} 2KF + H_2(g) + F_2(g)$

HCl:(1) $H_2(g) + Cl_2(g) \longrightarrow 2HCl(g)$

(2) $NaCl(s) + H_2SO_4(浓) \longrightarrow NaHSO_4 + HCl(g)$

HF: $CaF_2(s) + H_2SO_4(浓) \longrightarrow CaSO_4 + 2HF(g)$

8-2　如何以 KCl 为原料制备 $KClO_3$?

解:无隔膜电解 KCl 热溶液,产物 Cl_2 在 KOH 中发生歧化反应,得到的 $KClO_3$ 因溶解度小而析出。

$$2KCl + 2H_2O \xrightarrow{电解} 2KOH + Cl_2(g) + H_2(g)$$

$$3Cl_2 + 6KOH \xrightarrow{\triangle} 5KCl + KClO_3 + 3H_2O$$

8-3　$KClO_3$ 是用途广泛的重要化合物,如何由氯气制备 $KClO_3$?

解:可将氯气直接通入热的氢氧化钾中

$$3Cl_2 + 6KOH \xrightarrow{\triangle} 5KCl + KClO_3 + 3H_2O$$

将溶液冷却,$KClO_3$ 即沉淀析出。但是这种方法有 5/6 的氯转变为 KCl,因此价格较贵的 KOH 没有完全被利用。工业上制氯酸钾是将 Cl_2 通入石灰乳中制成 $Ca(ClO_3)_2$,然后用 $Ca(ClO_3)_2$ 与 KCl 混合,溶解度较小的 $KClO_3$ 首先析出。

$$6Cl_2 + 6Ca(OH)_2 \xrightarrow{\triangle} 5CaCl_2 + Ca(ClO_3)_2 + 6H_2O$$

$$Ca(ClO_3)_2 + 2KCl \longrightarrow CaCl_2 + KClO_3$$

8-4　完成并配平下列反应方程式:

$KMnO_4 + NaCl + H_2SO_4 \longrightarrow$

$KClO_3 + HCl \longrightarrow$

$KClO_3(s) \xrightarrow{\triangle}$

$FeBr_2 + Cl_2(过量) \longrightarrow$

$I_2 + Cl_2 + H_2O \longrightarrow$

$NaBr + H_2SO_4(浓) \longrightarrow$

$NaI + H_2SO_4(浓) \longrightarrow$

$AgI + Zn \longrightarrow$

$I_2 + KOH \longrightarrow$

解: $2KMnO_4 + 10NaCl + 8H_2SO_4 = K_2SO_4 + 2MnSO_4 + 5Na_2SO_4 + 5Cl_2 + 8H_2O$

$$KClO_3 + 6HCl = KCl + 3Cl_2 + 3H_2O$$

$$4KClO_3(s) \xlongequal{\triangle} 3KClO_4 + KCl$$

$$2FeBr_2 + 3Cl_2(\text{过量}) = 2FeCl_3 + 2Br_2$$

$$I_2 + 5Cl_2 + 6H_2O = 2HIO_3 + 10HCl$$

$$2NaBr + 2H_2SO_4(\text{浓}) = Na_2SO_4 + Br_2 + SO_2 + 2H_2O$$

$$8NaI + 5H_2SO_4(\text{浓}) = 4Na_2SO_4 + 4I_2 + H_2S + 4H_2O$$

$$2AgI + Zn = ZnI_2 + 2Ag$$

$$3I_2 + 6KOH = KIO_3 + 5KI + 3H_2O$$

8-5 用 Cl_2 氧化法制备 Br_2，如何除去产物中的 Cl_2？

解：往产物中加过量 NaBr，利用以下反应

$$Cl_2 + 2NaBr = 2NaCl + Br_2$$

可以消耗部分产物中的 Cl_2，并可利用 Cl_2 的沸点（−34.67℃）和 Br_2 的沸点（58.78℃）的差别赶出少量 Cl_2。

8-6 写出下列两种从废气中除去 Cl_2 的反应方程式：(1)在废气中通入 NaOH 溶液；(2)在废气中通入有铁屑的 $FeCl_3$ 溶液。

解：(1) $Cl_2 + 2NaOH = NaOCl + NaCl + H_2O$

(2) $Cl_2 + 2FeCl_2 = 2FeCl_3$

$2FeCl_3 + Fe = 3FeCl_2$

8-7 写出次氯酸钠、亚氯酸钠、高碘酸、高溴酸的化学式。

解：次氯酸钠 NaOCl，亚氯酸钠 $HClO_2$，高碘酸 H_5IO_6，高溴酸 $HBrO_4$

8-8 (1)什么叫互卤化物？写出互卤化物的通式及 IF_3，IF_5，IF_7 中 I 的杂化轨道和分子的立体构型。(2)什么叫多卤化物？写出最重要的多卤离子的化学式。

解：(1) 卤素相互间形成的化合物叫做互卤化物。通式为 XY，XY_3，XY_5，XY_7。

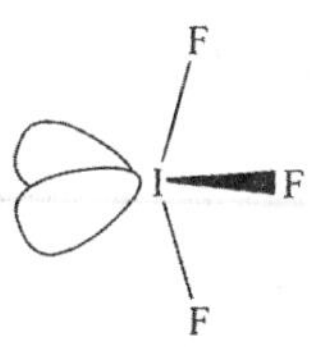

IF_3 sp^3d (C_{2v})

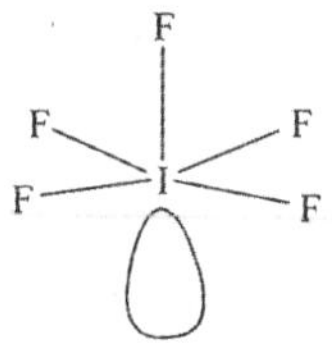

IF_5 sp^3d^2 (C_{4v})

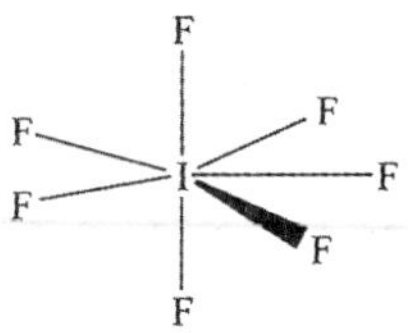

IF_7 sp^3d^3 $(\approx D_{5h})$

(2) 卤素和卤离子间结合的离子间结合的离子叫做多卤离子，化合物叫做多卤化物，其中最重要的多卤离子是 I_3^-，可看成是 I_2 和 I^- 离子间形成的配位络合物。

8-9 举出三种拟卤素的例子。举例说明它们同卤素的相似性。

解：三种拟卤素：$(CN)_2$，$(SCN)_2$，$(OCN)_2$

同卤素相似的性质：

(1) $(CN)_2$,$(SCN)_2$ 易挥发。

(2) 在碱性介质中发生歧化反应

$$(CN)_2 + 2OH^- = CN^- + OCN^- + H_2O$$

(3) 可与 Ag^+ 形成难溶盐 AgCN,AgSCN

(4) 阴离子具有还原性,CN^-,SCN^- 易被氧化。

8-10 今有 $KClO_3$ 和 MnO_2 的混合物 5.36g,加热完全分解后剩余 3.76g。问开始混合物中有多少克 $KClO_3$?

解:设开始混合物 5.36g 中有 xg $KClO_3$,$(5.36 - x)$g MnO_2。加热完全分解后剩余的量应为 KCl 和 MnO_2 之和。因为 MnO_2 是催化剂,反应前后的量不变。所以反应产物 KCl 的量为$[3.76 - (5.36 - x)]$g $= (x - 1.60)$g

$$\begin{array}{ccccc} 2KClO_3 & \xrightarrow{MnO_2} & 2KCl & + & 3O_2(g) \\ 2\times 122.5g\cdot mol^{-1} & & 2\times 74.55g\cdot mol^{-1} & & \\ x & & (x - 1.60)g & & \end{array}$$

$$x = 4.08g$$

或$(5.36 - 3.76)$g 为固体反应物和产物的质量差。根据物质不灭定律,该量为气体产物的量。

$$\begin{array}{ccccc} 2KClO_3 & \xrightarrow{MnO_2} & 2KCl & + & 3O_2(g) \\ 2\times 122.5g\cdot mol^{-1} & & & & 3\times 32.00g\cdot mol^{-1} \\ x & & & & (5.36 - 3.76)g \end{array}$$

$$\frac{x}{2\times 122.5} = \frac{5.36 - 3.76}{3\times 32.00}$$

$$x = 4.08g$$

8-11 写出从卤素单质制备以下化合物的反应式：

(1) $HClO_4$,(2) I_2O_5,(3) Cl_2O,(4) ClO_2,(5) $KBrO_3$,(6) OF_2,(7) BrO_3,(8) Br_2O。

解:(1) $3Cl_2 + 6NaOH \longrightarrow 5NaCl + NaClO_3 + 3H_2O$

$$4NaClO_3 \xrightarrow{\triangle} NaCl + 3NaClO_4$$

$$H_2SO_4 + NaClO_4 \xrightarrow{蒸馏} NaHSO_4 + HClO_4$$

(2) $3I_2 + 6OH^- \longrightarrow 5I^- + IO_3^- + 3H_2O$

$IO_3^- + H^+ \longrightarrow HIO_3$

$2HIO_3 \xrightarrow{\triangle} I_2O_5 + H_2O$

(3) $2Cl_2 + HgO \longrightarrow Cl_2O + HgCl_2$

(4) $Cl_2 + 6OH^- \longrightarrow 5Cl^- + ClO_3^- + 3H_2O$

$2H^+ + 2ClO_3^- + H_2C_2O_4 \longrightarrow 2ClO_2 + 2CO_2 + 2H_2O$

(5) $3Br_2 + 6KOH \longrightarrow 5KBr + KBrO_3$

(6) $2F_2 + 2OH^- \longrightarrow 2F^- + OF_2 + H_2O$

(7) $Br_2 + 2O_3 \xrightarrow{0℃} 2BrO_3$

(8) $2Br_2 + HgO \longrightarrow Br_2O + HgBr_2$

8-12　为什么用硫酸作为工业用酸比用盐酸经济?

解:工业上硫酸可用廉价的硫氧化物制备,而且硫酸还是制备盐酸的原料之一。

$$H_2SO_4 + NaCl = HCl + NaHSO_4$$

8-13　写出在实验室中制备以下物质的反应式:

(1) HCl,(2) HBr,(3) HI,(4) HIO_4。

解: (1) $NaCl + H_2SO_4 = HCl + NaHSO_4$

(2) $NaBr + H_3PO_4 = HBr + NaH_2PO_4$(可能 H_2SO_4 的氧化性太强而生成 Br_2)

(3) $PI_3 + 3H_2O = H_3PO_3 + 3HI$

(4) $IO_3^- + ClO^- = H_3O^+ + H_2O = H_5IO_6 + Cl^-$

$H_5IO_6 \overset{\triangle}{=} HIO_4 + 2H_2O$

8-14　写出以下物质受热分解反应的方程式:

(1) HOCl,(2) $HClO_2$,(3) $NaClO_2$,(4) $HBrO_3$,(5) $HClO_3$,(6) $KClO_3$,(7) $Zn(ClO_3)_2$,(8) AgCN。

解:(1) $3HOCl \xrightarrow{\triangle} 2HCl + HClO_3$

($2HOCl \xrightarrow{阳光} 2HCl + O_2$)

(2) $8HClO_2 \xrightarrow{\triangle} 6ClO_2 + Cl_2 + 4H_2O$

(3) $3NaClO_2(aq) \xrightarrow{\triangle} 2NaClO_3 + NaCl$

(4) $4HBrO_3 \xrightarrow{\triangle} 2Br_2 + 5O_2 + 2H_2O$

(5) $8HClO_3 \xrightarrow{\triangle} 4HClO_4 + 2Cl_2 + 3O_2 + 2H_2O$

(6) $4KClO_3 \xrightarrow{668K} 3KClO_4 + KCl$

$2KClO_3 \xrightarrow[\triangle]{MnO_2} 2KCl + 3O_2$

(7) $2Zn(ClO_3)_2 \xrightarrow{\triangle} 2ZnO + 2Cl_2 + 5O_2$

(8) $2AgCN \xrightarrow{\triangle} 2Ag + (CN)_2$

8-15　完成下列反应方程式：

(1) $S^{2-} + I_2 \longrightarrow$

(2) $ICl_3 + H_2O \longrightarrow$

(3) $BrF_5 + H_2O \longrightarrow$

(4) $I^- + O_2 + H^+ \longrightarrow$

(5) $KIO_3 + KI + H_2SO_4 \longrightarrow$

(6) $KI + H_2O_2 + H_2SO_4 \longrightarrow$

(7) $KClO + K_2MnO_4 + H_2O \longrightarrow$

(8) $Ca(ClO)_2 + CaCl_2 + H_2SO_4 \longrightarrow$

(9) $KClO_3 + FeSO_4 + H_2SO_4 \longrightarrow$

(10) $Mn^{2+} + IO_4^- + H_2O \longrightarrow$

解：(1) $S^{2-} + I_2 = 2I^- + S$

(2) $2ICl_3 + 3H_2O = 5HCl + ICl + HIO_3$

(3) $BrF_5 + 3H_2O = 5HF + HBrO_3$

(4) $6I^- + O_2 + 4H^+ = 2I_3^- + 2H_2O$

(5) $KIO_3 + 5KI + 3H_2SO_4 = 3I_2 + 3K_2SO_4 + 3H_2O$

(6) $2KI + H_2O_2 + H_2SO_4 = I_2 + 2H_2O + K_2SO_4$

(7) $KClO + 2K_2MnO_4 + H_2O = KCl + 2KMnO_4 + 2KOH$

(8) $Ca(ClO)_2 + CaCl_2 + 2H_2SO_4 = 2CaSO_4 + 2Cl_2 + 2H_2O$

(9) $KClO_3 + 6FeSO_4 + 3H_2SO_4 = KCl + 3Fe_2(SO_4)_3 + 3H_2O$

(10) $2Mn^{2+} + 5IO_4^- + 3H_2O = 2MnO_4^- + 5IO_3^- + 6H^+$

8-16　说明 I_2 易溶于 CCl_4，KI 溶液的原因。

解：I_2 是非极性分子，易溶于非极性溶剂 CCl_4（相似相溶）。I_2 和 KI 作用可生成多卤离子 I_3^-。

8-17　哪些常见的金属氯化物难溶于水？

解：Hg_2Cl_2，AgCl，CuCl，$PbCl_2$。

8-18　写出 HF 腐蚀玻璃的反应方程式。为什么不能用玻璃容器盛 NH_4F 溶液？

解：HF 和玻璃中的主要成分 SiO_2 可发生反应

$$SiO_2 + 4HF = SiF_4 + 2H_2O$$

NH_4F 中 NH_4^+ 的水解能力比 F^- 的水解能力强，使溶液显酸性，所以 NH_4F 也能腐蚀玻璃。

$$NH_4F + H_2O = NH_3 \cdot H_2O + HF$$

8-19　已知 $ClO_3^- + 6H^+ + 5e = \frac{1}{2}Cl_2 + 3H_2O$ 的 $E_a^\ominus = 1.47V$，求 $ClO_3^- + 3H_2O + 5e = \frac{1}{2}Cl_2 + 6OH^-$ 的 $E_b^\ominus$。

解：　$ClO_3^- + 6H^+ + 5e = \frac{1}{2}Cl_2 + 3H_2O$　　$\Delta G_a^\ominus = -n_1FE_a^\ominus$

$-)$　$ClO_3^- + 3H_2O + 5e = \frac{1}{2}Cl_2 + 6OH^-$　　$\Delta G_b^\ominus = -n_2FE_b^\ominus$

$$6H^+ + 6OH^- = 6H_2O \qquad \Delta G^\ominus = -2.30RT\lg(1/K_w)^6$$

$$\Delta G_a^\ominus - \Delta G_b^\ominus = \Delta G^\ominus \qquad n_1 = n_2 = 5 \qquad T = 298K$$

$$-n_1FE_a^\ominus - (-n_2FE_b^\ominus) = -2.30RT\lg(1/K_w)^6$$

$$E_b^\ominus = E_a^\ominus - \frac{2.30\times8.31\times298}{5\times9.65\times10^4}\lg(1/10^{14})^6$$

$$E_b^\ominus = 1.47 - \frac{0.059}{5}\lg(1/10^{14})^6$$

$$E_b^\ominus = 0.48(V)$$

8-20　把氯水滴加到 Br^-，I^- 混合液中的现象是先生成 I_2，I_2 被氧化成 HIO_3，最后生成 Br_2。(1)写出有关的反应方程式。(2)有人说："电动势大的化学反应一定先发生"。你认为如何？

解：(1)

$$Cl_2 + 2I^- = 2Cl^- + I_2$$

$$E_{电池}^\ominus = E_{Cl_2/Cl^-}^\ominus - E_{I_2/I^-}^\ominus = 1.36 - 0.54 = 0.82(V)$$

$$5Cl_2 + I_2 + 6H_2O = 2HIO_3 + 10HCl$$

$$E_{电池}^\ominus = E_{Cl_2/Cl^-}^\ominus - E_{HIO_3/I_2}^\ominus = 1.36 - 1.2 = 0.16(V)$$

$$Cl_2 + 2Br^- = 2Cl^- + Br_2$$

$$E_{电池}^\ominus = E_{Cl_2/Cl^-}^\ominus - E_{Br_2/Br^-}^\ominus = 1.36 - 1.08 = 0.28(V)$$

(2) 反应发生的先后与反应速率有关，电动势的大小只与反应程度有关。

8-21　根据卤素的性质推测 87 号元素 At 的性质：(1)HAt 的水溶液是强酸还是弱酸？(2)At^- 的还原性。

解：(1) 由于氢卤酸的酸性从 HF 到 HI 顺序增强。所以 HAt 的水溶液应该是强酸。

(2) 卤离子的还原性从 F^- 到 I^- 顺序增强，所以 At^- 应该具有强还原性。

8-22　已知

$$HOCl \xrightarrow{1.63V} Cl_2 \xrightarrow{1.36V} Cl^- \text{和}\ OCl^- \xrightarrow{0.40V} Cl_2 \xrightarrow{1.36V} Cl^-$$

问：(1)在酸性还是碱性介质中 Cl_2 将发生歧化反应？(2)歧化反应的 K 值有多大？

解:(1) 在碱性介质中,$E^{\ominus}_{Cl_2/Cl^-}=1.36V>E^{\ominus}_{OCl^-/Cl_2}=0.40V$,歧化反应发生。平衡常数为

$$Cl_2+2OH^-(aq)=\!=\!=OCl^-(aq)+Cl^-(aq)+H_2O$$

$$\lg K=\frac{nF\Delta E^{\ominus}}{2.30RT}=\frac{1.36-0.40}{0.059}=16.27$$

$$K=1.9\times10^{16}$$

(2) 在酸性介质中,$E^{\ominus}_{HOCl/Cl_2}=1.63V>E^{\ominus}_{Cl_2/Cl^-}=1.36V$,歧化反应的逆反应发生,平衡常数为

$$OCl^-(aq)+2H^+(aq)+Cl^-(aq)=\!=\!=Cl_2+H_2O$$

$$\lg K=\frac{nF\Delta E^{\ominus}}{2.30RT}=\frac{1.63-1.36}{0.059}=4.58$$

$$K=3.8\times10^{4}$$

8-23 氧化还原反应的通式为:$a\ ox_1+b\ red_2=\!=\!=c\ red_1+d\ ox_2$。若规定完全反应的起码条件是:产物的浓度是反应物浓度的 100 倍,即上式 $K=10^4$。(1)请根据 $nFE^{\ominus}_{电池}=RT\ln K$ 计算 298K 时,$n=1,2,3$ 和 $K=10^4$的 $E_{电池}$值和反应物浓度的关系。(2)根据 $E_{电池}$值说明:实验室制备氯气时,必须使 MnO_2 和浓 HCl 反应;$K_2Cr_2O_7$ 和一定浓度的 HCl 反应;$KMnO_4$ 和一般浓度的 HCl 反应。

解:(1) $nFE^{\ominus}_{电池}=RT\ln K\qquad K=10^4$

$$E^{\ominus}_{电池}=\frac{2.30RT\lg K}{nF}=\frac{0.059\times4}{n}$$

$$n=1,\qquad E^{\ominus}_{电池}=0.24V$$

$$n=2,\qquad E^{\ominus}_{电池}=0.12V$$

$$n=3,\qquad E^{\ominus}_{电池}=0.08V$$

(2) 根据

$$E_{电池}=E^{\ominus}_{电池}-\frac{0.059}{n}\lg\frac{[red_1]^c[ox_2]^d}{[red_2]^a[ox_1]^b},$$

增加反应物 red_2 的浓度$[red_2]$可增加 $E_{电池}$值。三种不同的氧化剂和 HCl 反应,$[red_2]=[HCl]$

$$E^{\ominus}_{电池}=E^{\ominus}_{MnO_2/Mn^{2-}}-E^{\ominus}_{Cl_2/Cl^-}=1.23-1.36=-0.13(V)$$

需要将[HCl]增大至浓 HCl 才能使 $E^{\ominus}_{电池}>0$。

$$E^{\ominus}_{电池}=E^{\ominus}_{Cr_2O_7^{2-}/Cr^{3+}}-E^{\ominus}_{Cl_2/Cl^-}=1.33-1.36=-0.03(V)$$

需要将[HCl]增大至一定浓度可能使 $E^{\ominus}_{电池}>0$。

$$E^{\ominus}_{电池}=E^{\ominus}_{MnO_4^-/Mn^{2-}}-E^{\ominus}_{Cl_2/Cl^-}=1.51-1.36=0.15(V)$$

一般浓度的 HCl 即可反应。

8-24　纯 $HClO_4$ 是不导电的液体，而其熔融的水合物 $HClO_4 \cdot H_2O$ 可以导电。画出它们的结构式。

解：

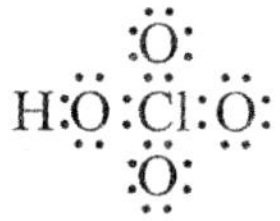

$HClO_4$

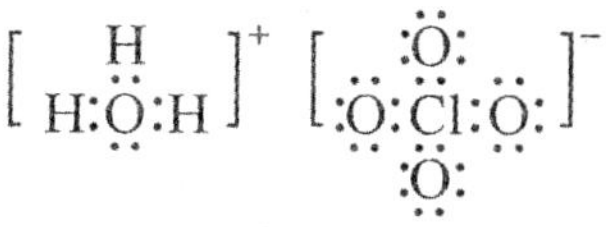

$HClO_4 \cdot H_2O$

8-25　Cl_2O 中的键角 Cl—O—Cl 比 ClO_2 中的 O—Cl—O 小，其键长 Cl—O 大于 ClO_2 中的 O—Cl 键，解释其原因。

解：

Cl_2O

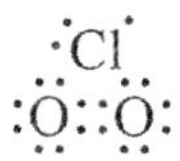

ClO_2

Cl_2O 中 O 有两对孤电子对，使两个 Cl 处于接近四面体的两个顶点上，而 ClO_2 中 Cl 上只有三个未成键电子，电子间的排斥作用较小，三个原子接近正三角形的分布，所以键角较大，同时由于电子的共轭作用，ClO_2 中的 O—Cl 的键长较小。

8-26　如何定性分离鉴定 Cl^-，Br^-，I^-，SCN^- 的混合溶液或固体？

解：这几种离子在系统定性分析中属于银组，因为它们都能和 Ag^+ 形成沉淀，与其他阴离子分离。

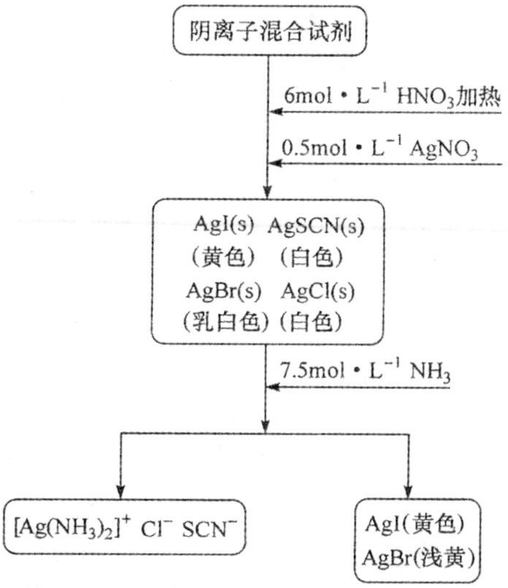
阴离子混合试剂
6mol · L⁻¹ HNO₃加热
0.5mol · L⁻¹ AgNO₃
AgI(s)　AgSCN(s)
（黄色）（白色）
AgBr(s)　AgCl(s)
（乳白色）（白色）
7.5mol · L⁻¹ NH₃
[Ag(NH₃)₂]⁺ Cl⁻ SCN⁻
AgI（黄色）
AgBr（浅黄）

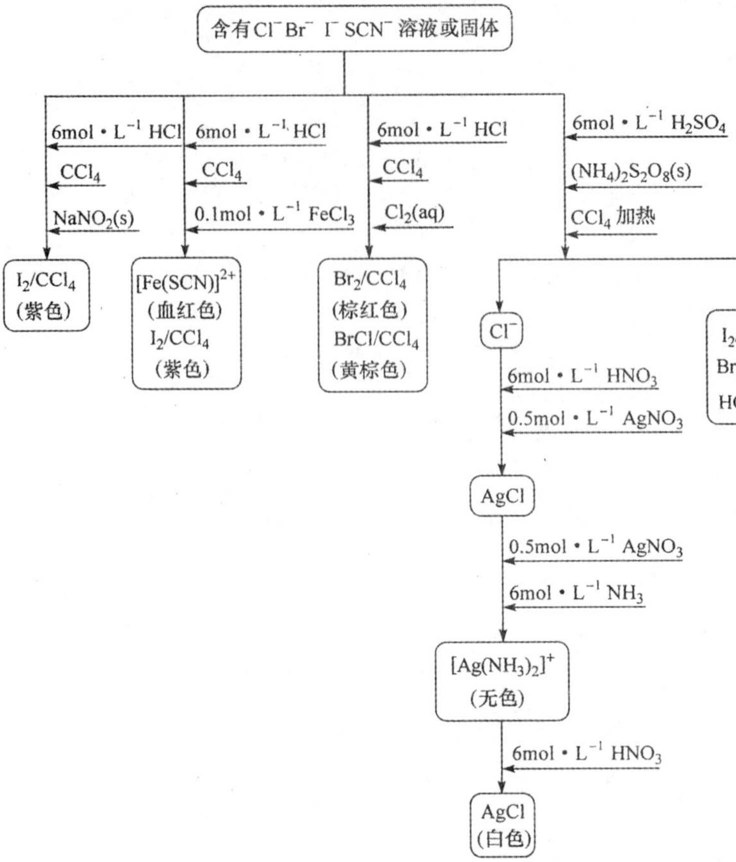

8-27 (1)向含 Br^-,Cl^-的溶液中加 $AgNO_3$ 溶液。当 AgCl 开始沉淀时,溶液中$[Br^-]/[Cl^-]$的值是多大?(2)向含 I^-,Cl^-的溶液中滴加 $AgNO_3$,当 AgCl 开始沉淀时,溶液中$[I^-]/[Cl^-]$的值是多大?

解:(1)若起始 Cl^-,Br^-浓度相差不大,加入 $AgNO_3$ 溶液时先生成溶度积较小的 AgBr 沉淀。当 AgCl 开始沉淀时,溶液中有如下平衡:

$$AgBr(s) \rightleftharpoons Ag^+(aq) + Br^-(aq) \quad K_{sp(AgBr)} = [Ag^+][Br^-] = 5.35\times10^{-13}$$

$$-)\ AgCl(s) \rightleftharpoons Ag^+(aq) + Cl^-(aq) \quad K_{sp(AgCl)} = [Ag^+][Cl^-] = 1.77\times10^{-10}$$

$$AgBr(s) + Cl^-(aq) \rightleftharpoons AgCl(s) + Br^-(aq) \quad K = K_{sp(AgBr)}/K_{sp(AgCl)}$$

$$[Br^-]/[Cl^-] = K = K_{sp(AgBr)}/K_{sp(AgCl)} = \frac{5.35\times10^{-13}}{1.77\times10^{-10}} = 3.02\times10^{-3}$$

Br^-还没有沉淀完全。

(2) 同理,在 I^- 和 Cl^- 的混合溶液中加入 $AgNO_3$,AgCl 开始沉淀时

$$[I^-]/[Cl^-] = K = K_{sp(AgI)}/K_{sp(AgCl)} = \frac{8.51\times10^{-17}}{1.77\times10^{-10}} = 4.81\times10^{-7}$$

I^- 已沉淀完全。

8-28 (1)若 10^{-4}mol AgCl 溶于 1mL $NH_3\cdot H_2O$,问此 $NH_3\cdot H_2O$ 浓度的最低值是多少?(2)10^{-4}mol AgI 溶于 10mL $Na_2S_2O_3$ 溶液。求 $Na_2S_2O_3$ 浓度($mol\cdot L^{-1}$)的最低值。(3)计算 AgCl 在 0.1$mol\cdot L^{-1}$ $NH_3\cdot H_2O$ 中的溶解量。(4)计算 AgI 在 0.1$mol\cdot L^{-1}$ $Na_2S_2O_3$ 中的溶解量。

解:(1) 设:10^{-4}mol AgCl 溶于 1mL $NH_3\cdot H_2O$ 所需 $NH_3\cdot H_2O$ 的起始浓度值是 x。

10^{-4}mol AgCl 溶解在 1mL $NH_3\cdot H_2O$ 中后,各物质的平衡浓度为

$$[Ag(NH_3)_2^+] = [Cl^-] = \frac{10^{-4}mol}{1mL}\times\frac{1mL}{10^{-3}L} = 0.1mol\cdot L^{-1}$$

反应式

$$AgCl(s) + 2NH_3(aq) \xlongequal{\quad} Ag(NH_3)_2^+(aq) + Cl^-(aq) \qquad K = K_{sp}\times K_{稳}$$

$$(x-0.2) \qquad 0.1 \qquad 0.1$$

$$\frac{0.1^2}{(x-0.2)^2} = K_{sp}\times K_{稳} = 1.77\times10^{-10}\times1.1\times10^7 = 1.9\times10^{-3}$$

$$x = 2.3(mol\cdot L^{-1})$$

(2) 设:10^{-4}mol AgI 溶于 10mL $Na_2S_2O_3$ 溶液所需 $Na_2S_2O_3$ 的起始浓度值是 x。10^{-4}mol AgI 溶解在 10mL $Na_2S_2O_3$ 溶液中后,各物质的平衡浓度为

$$[Ag(S_2O_3)_2^{3-}] = [I^-] = \frac{10^{-4}mol}{10mL}\times\frac{1mL}{10^{-3}L} = 0.01mol\cdot L^{-1}$$

反应式

$$AgI(s) + 2S_2O_3^{2-}(aq) \xlongequal{\quad} Ag(S_2O_3)_2^{3-}(aq) + I^-(aq) \qquad K = K_{sp}\times K_{稳}$$

$$(x-0.02) \qquad 0.01 \qquad 0.01$$

$$\frac{0.1^2}{(x-0.02)^2} = K_{sp}\times K_{稳} = 8.51\times10^{-17}\times2.9\times10^{13} = 2.5\times10^{-3}$$

$$x = 0.24(mol\cdot L^{-1})$$

(3) 设:AgCl(s)在 0.1$mol\cdot L^{-1}$ $NH_3\cdot H_2O$ 中溶解的量即为$[Ag(NH_3)_2]^+$或 Cl^- 的平衡浓度 x。

10^{-4}mol AgCl 溶解在 1mL $NH_3\cdot H_2O$ 中后,各物质的平衡浓度为

$$AgCl(s) + 2NH_3(aq) = Ag(NH_3)_2^+(aq) + Cl^-(aq) \qquad K = 1.9\times10^{-3}$$

$$(0.1-2x) \qquad x \qquad x$$

$$\frac{x^2}{(0.1-2x)^2} = 1.9\times10^{-3}$$

$$x = 4.0\times10^{-3}(mol\cdot L^{-1})$$

(4) 设:AgI(s)在 2.0mol·L^{-1} $Na_2S_2O_3$ 溶液中溶解的量即为$[Ag(S_2O_3)_2]^{3-}$或 I^- 的平衡浓度 x。

$$AgI(s) + 2S_2O_3^{2-}(aq) = [Ag(S_2O_3)_2]^{3-}(aq) + I^-(aq) \qquad K = 2.5\times10^{-3}$$

$$(2.0-2x) \qquad x \qquad x$$

$$\frac{x^2}{(2.0-2x)^2} = 2.5\times10^{-3}$$

$$x = 0.091(mol\cdot L^{-1})$$

8-29 分离 Cl^-,Br^-离子的方法是:加足量 $AgNO_3$ 溶液使它们沉淀。经过滤、洗涤后,往沉淀上加足量的 2mol·L^{-1} $NH_3\cdot H_2O$,AgCl 溶解而 AgBr 微溶。如果开始的 Cl^-浓度为 Br^-的 500 倍,问能否用这个方法分离 Cl^-和 Br^-?

解:有关反应及平衡常数为

$$AgCl(s) + 2NH_3(aq) = [Ag(NH_3)_2]^+(aq) + Cl^-(aq) \quad K = K_{sp(AgCl)}\times K_{稳[Ag(NH_3)_2^+]}$$

$$-)\ AgBr(s) + 2NH_3(aq) = [Ag(NH_3)_2]^+(aq) + Br^-(aq) \quad K = K_{sp(AgBr)}\times K_{稳[Ag(NH_3)_2^+]}$$

$$AgCl(s) + Br^-(aq) = AgBr(s) + Cl^-(aq) \qquad K = K_{sp(AgCl)}/K_{sp(AgBr)}$$

$$\frac{[Cl^-]}{[Br^-]} = K_{sp(AgCl)}/K_{sp(AgBr)} = \frac{1.77\times10^{-10}}{5.35\times10^{-13}} = 3.31\times10^2$$

因为 Cl^-和 Br^-的平衡浓度之比小于它们的初始浓度之比,所以在这种情况下,不能用这个方法分离。

8-30 根据 F_2,Cl_2 的离解能、亲合能及 F^-,Cl^-的水合能计算 $X_2 + 2e \longrightarrow 2X^-$的 $E^\ominus$值。

解:

$$\frac{1}{2}X_2(g) \longrightarrow X(g) \qquad \Delta G_1^\ominus = -\frac{1}{2}D_{(X)}(离解能)$$

$$X(g) + e \longrightarrow X^-(g) \qquad \Delta G_2^\ominus = -E_{ea1(X)}(亲和能)$$

$$X^-(g) \longrightarrow X^-(aq) \qquad \Delta G_3^\ominus = -h_{(X)}(水合能)$$

$$+)\ \frac{1}{2}H_2(g) \longrightarrow H^+(aq) + e \qquad \Delta G_4^\ominus = 431.7kJ\cdot mol^{-1}$$

$$\frac{1}{2}X_2(g) + \frac{1}{2}H_2(g) \longrightarrow H^+(aq) + X^-(aq) \qquad \Delta G^\ominus = -nFE^\ominus_{电池}$$

	$D/(\mathrm{kJ \cdot mol^{-1}})$	$E_{ea1}/(\mathrm{kJ \cdot mol^{-1}})$	$h/(\mathrm{kJ \cdot mol^{-1}})$
F	157.7	338.9	506.3
Cl	238.1	354.8	368.2

$$\Delta G^{\ominus} = -nFE^{\ominus}_{电池}$$
$$= \Delta G_1^{\ominus} + \Delta G_2^{\ominus} + \Delta G_3^{\ominus} + \Delta G_4^{\ominus}$$
$$= \frac{1}{2}D_{(X)} + E_{ea1(X)} + h_{(X)} + 431.7$$

将以上数据代入可计算 $E^{\ominus}_{X_2/X^-}$

$$E^{\ominus}_{F_2/F^-} = [-1/2\times157.7-(338.9)-(-506.3)-431.7]\times1/965 = 3.47(\mathrm{V})$$

$$E^{\ominus}_{Cl_2/Cl^-} = [-1/2\times238.1-(354.8)-(-368.2)-431.7]\times1/965 = 1.78(\mathrm{V})$$

8-31 已知 AgSCN(s)的 $K_{sp}=1.0\times10^{-12}$，$[Ag(NH_3)_2]^+$ 的 $K_{稳}=1.6\times10^7$。计算用 $6\mathrm{mol \cdot L^{-1}}$ NH_3(aq)与 AgSCN(s)反应后 $Ag(NH_3)^+$ 的平衡浓度。

解：首先确定这个反应的平衡常数

$$AgSCN(s) \rightleftharpoons Ag^+(aq) + SCN^-(aq) \qquad K_{sp}=1.0\times10^{-12}$$

$$+)\quad Ag^+(aq) + 2NH_3(aq) \rightleftharpoons [Ag(NH_3)_2]^+ \qquad K_{稳}=1.6\times10^7$$

$$AgSCN(s) + 2NH_3(aq) \rightleftharpoons [Ag(NH_3)_2]^+ + SCN^-(aq)$$

$$K = K_{sp}\times K_{稳} = 1.0\times10^{-12}\times1.6\times10^7 = 1.6\times10^{-5}$$

设：$[Ag(NH_3)_2]^+$ 的平衡浓度为 x。

$$AgSCN(s) + 2NH_3(aq) \rightleftharpoons [Ag(NH_3)_2]^+ + SCN^-(aq)$$

		NH_3	$[Ag(NH_3)_2]^+$	SCN^-
初始浓度		6.0		
平衡浓度		$(6.0-2x)$	x	x

$$K = \frac{[Ag(NH_3)_2^+][SCN^-]}{[NH_3]^2} = 1.6\times10^{-5} = \frac{x^2}{(6.0-2x)^2}$$

$$\frac{x}{6.0-2x} = (1.6\times10^{-5})^{1/2} = 4.0\times10^{-3}$$

$$[Ag(NH_3)_2^+] = x = 0.024(\mathrm{mol \cdot L^{-1}})$$

8-32 Br_2 在水中和 CCl_4 中的分配系数为 $K_D=25.0$。计算当 100mL Br_2 的饱和水溶液($35.6\mathrm{g \cdot L^{-1}}$)与 10mL CCl_4 振荡达平衡时，Br_2 在水溶液中的浓度。

解：设：Br_2 在 CCl_4 中的平衡浓度为 x。

$$Br_2(aq) \rightleftharpoons Br_2(CCl_4) \qquad K_D = [Br_2(CCl_4)]/[Br_2(aq)] = 25.0$$

	$Br_2(aq)$	$Br_2(CCl_4)$
初始浓度	35.6	0
平衡浓度	$35.6-x$	x

$$K_D = \frac{[Br_2(CCl_4)]}{[Br_2(aq)]^2} = \frac{x}{35.6-x} = 25.0$$

$$x = 34.2(\text{g}\cdot\text{L}^{-1})$$

Br_2 在水中的平衡浓度为

$$[Br_2(aq)] = 35.6 - 34.2 = 1.4(\text{g}\cdot\text{L}^{-1})$$

8-33 有三种白色固体,可能是 NaCl,NaBr,NaI。试用简便方法加以鉴别。

解:可选用以下方法鉴别:

(1) 各取少量固体于试管中,加入浓硫酸,均产生大量热量。与此同时,若有无色、有刺激性气体产生,该气体与蘸有浓氨水的玻璃棒接触即冒白烟。可证实是 NaCl。

$$NaCl(s) + H_2SO_4(浓) \longrightarrow NaHSO_4 + HCl(g)$$

$$HCl(g) + NH_3(g) \longrightarrow NH_4Cl$$

若有红棕色的刺激性气体产生,可以使湿润的淀粉—碘化钾试纸变紫色后又褪去的是 NaBr。

$$NaBr + H_2SO_4(浓) \longrightarrow Br_2(g) + SO_2(g) + 2H_2O$$

$$Br_2(g) + 2KI \longrightarrow I_2 + 2KBr$$

$$SO_2(g) + I_2 + 2H_2O \longrightarrow H_2SO_4 + 2HI$$

若有紫黑色气体和腐蛋气味产生说明是 NaI。

$$NaI + H_2SO_4 \longrightarrow NaHSO_4 + HI$$

$$8HI + H_2SO_4 \longrightarrow 4I_2 + 4H_2O + H_2S$$

(2) 各取少量固体于试管中,用水溶解后加入少量 CCl_4,滴加氯水,振荡后观察 CCl_4 层颜色的变化。无变化的是 NaCl,变橙黄色的是 NaBr,变紫红色的是 NaI。

$$Cl_2 + 2NaBr \longrightarrow Br_2 + 2NaCl$$

$$Cl_2 + 2NaI \longrightarrow I_2 + 2NaCl$$

(3) 各取少量固体于试管中,用水溶解后滴加 $AgNO_3$ 溶液,比较产生卤化银沉淀的颜色可区别三种固体。

$$NaCl + AgNO_3 \longrightarrow AgCl(白色) + NaNO_3$$

$$NaBr + AgNO_3 \longrightarrow AgBr(浅黄色) + NaNO_3$$

$$NaI + AgNO_3 \longrightarrow AgI(黄色) + NaNO_3$$

8-34 有白色的钠盐晶体 A 和 B。(1)A 和 B 都溶于水。A 的水溶液是中性,B 的水溶液是碱性。(2)A 溶液与 $FeCl_3$ 溶液作用,溶液变棕色浑浊。(3)A 溶液与 $AgNO_3$ 溶液作用,有黄色沉淀析出。(4)晶体 B 与浓盐酸反应,有黄绿色刺激性气体生成,此气体同冷 NaOH 溶液作用,可得到含 B 的溶液。(5)向 A 溶液中开始滴加 B 溶液时,溶液变成棕红色。若继续加过量 B 溶液,溶液又变成无色。问 A 和 B 为何物?写出有关反应式。

解:由(1),(2)和(3)现象判断,A是NaI。

$$2NaI + FeCl_3 \xlongequal{} I_2 + 2FeCl_2 + 2NaCl$$

$$NaI + AgNO_3 \xlongequal{} AgI + NaNO_3$$

由(4),(5)判断,B是NaClO。

$$NaClO + 2HCl \xlongequal{} Cl_2 + NaCl + H_2O$$

$$Cl_2 + NaOH(冷) \xlongequal{} NaClO + NaCl + H_2O$$

$$NaClO + 2NaI + H_2O \xlongequal{} I_2 + NaCl + 2NaOH$$

$$3NaClO + NaI \xlongequal{} NaIO_3 + 3NaCl$$

8-35 有一白色固体,可能是KI,CaI_2,KIO_3,$BaCl_2$中的一种或两种化合物的混合物。试根据以下实验现象判断是什么物质?写出反应式。(1)将白色固体溶于水得无色溶液。(2)向此溶液中加入少量稀H_2SO_4后溶液变黄并有白色沉淀,遇淀粉立即变蓝。(3)向蓝色溶液中加入NaOH至碱性后,蓝色消失而白色沉淀依然存在。

解:现象(1)说明四种物质均可能存在。现象(2)中溶液变黄遇淀粉又变蓝说明IO_3^-和I^-同时存在,在酸性条件下生成了碘。反应为

$$IO_3^- + 5I^- + 6H^+ \xlongequal{} 3I_2 + 3H_2O$$

而白色沉淀可能是$CaSO_4$或$BaSO_4$。现象(3)说明I_2发生歧化反应而消失。

按照题意只有两种以下物质存在,则只能是CaI_2和KIO_3。

8-36 有一固体试剂,可能是次氯酸盐、氯酸盐或高氯酸盐。用什么方法加以鉴别?

解:取少量固体,加水溶解,如果溶液呈碱性,可能是次氯酸盐,因为三种酸根中,次氯酸根是最强的碱,水解后显碱性。若在碱性溶液中加入稀H_2SO_4酸化后,在日照下能分解出O_2,则可证实是次氯酸盐。

$$ClO^- + H^+ \longrightarrow HClO$$

$$2HClO \xrightarrow{日光} 2HCl + O_2$$

如果水溶液呈酸性,可知不是次氯酸盐。取少量固体,加入少量MnO_2,稍热,若有O_2放出,可知是氯酸盐。

$$2KClO_3 \xrightarrow{MnO_2} 2KCl + 3O_2$$

如果没有上述实验现象,则可能是高氯酸盐,可往该固体的水溶液中加入含K^+试剂,有$KClO_4$白色沉淀出现(加入一些乙醇现象更明显),可证实是高氯酸盐。

第九章　铜族和锌族元素

(一) 概　　述

铜族和锌族(copper and zinc group)系周期表中第Ⅰ(B)、Ⅱ(B)族元素，包括铜、银、金、锌、镉、汞六种元素。铜族元素的原子最外电子层有 1 个 s 电子，锌族有 2 个 s 电子，在这一点上它们和第Ⅰ(A)、Ⅱ(A)族的碱金属、碱土金属原子相似，能生成相同的氧化态为 +1、+2 的化合物。铜族和锌族元素原子的次外层电子结构为 18 电子，而不是 8 电子，这又不同于碱金属、碱土金属单质的活泼性分别强于铜、锌族单质，铜族元素因次外层的 1～2 个 d 电子参加成键而有 +1、+2、+3 等氧化态。

锌族 Zn、Cd、Hg 的金属分别比铜族 Cu、Ag、Au 活泼。锌族中有 Hg(Ⅰ)化合物，而 Zn(Ⅰ)、Cd(Ⅰ)化合物仅在高温下存在，且均不稳定。

在自然界，铜、银、金有以单质状态存在的矿物，它们是最早被发现的三种金属。金以单质形式散存于岩石(岩脉金)或砂砾(冲积金)中。铜、银、锌、镉、汞等主要以硫化物存在于地壳中，如黄铜矿 $CuFeS_2$、辉铜矿 Cu_2S、闪银矿 Ag_2S、闪锌矿 ZnS、辰砂 HgS。还有孔雀石 $Cu_2(OH)_2(CO_3)$，以及角银矿 AgCl 等。

(二) 习题及解答

9-1　用化学方程式表示以下反应：

(1) 由金属铜制备硫酸铜、氯化铜和碘化亚铜。

(2) 由硝酸汞制备氧化汞、升汞和甘汞。

(3) 在空气中金属铜表面生成“铜绿”。

解：(1) 1)制备硫酸铜

$$2Cu + O_2 = 2CuO$$

$$CuO + H_2SO_4 = CuSO_4 + H_2O$$

2) 制备氯化铜

$$2Cu + O_2 = 2CuO$$

$$CuO + 2HCl = CuCl_2 + H_2O$$

3) 制备碘化亚铜

$$2Cu + O_2 = 2CuO$$

$$CuO + H_2SO_4 = CuSO_4 + H_2O$$

$$2CuSO_4 + 4KI = 2CuI + I_2 + 2K_2SO_4$$

(2) 1) 制备氧化汞

$$Hg(NO_3)_2 + 2NaOH = HgO + 2NaNO_3 + H_2O$$

2) 制备升汞

$$Hg(NO_3)_2 + 2NaOH = HgO + 2NaNO_3 + H_2O$$

$$HgO + 2HCl = HgCl_2 + H_2O$$

3) 制备甘汞

$$Hg(NO_3)_2 + Hg + 2NaCl = Hg_2Cl_2 + 2NaNO_3$$

(3) 金属铜生成"铜绿"

$$2Cu + H_2O + CO_2 + O_2 = Cu_2(OH)_2CO_3$$

9-2 用适当溶剂溶解下列化合物,并写出有关方程式。AgBr,HgI_2,CuS,HgS。

解:(1) 溶解 AgBr

$$AgBr + 2S_2O_3^{2-} = Ag(S_2O_3)_2^{3-} + Br^-$$

(2) 溶解 HgI_2

$$HgI_2 + 2I^- = HgI_4^{2-}$$

(3) 溶解 CuS

$$3CuS + 8HNO_3 = 3Cu(NO_3)_2 + 3S + 2NO + 4H_2O$$

(4) 溶解 HgS

$$3HgS + 2HNO_3 + 12HCl = 3H_2HgCl_4 + 2NO + 3S + 4H_2O$$

9-3 金属铜、银、锌、镉、汞能否和盐酸、硫酸、硝酸反应,用化学方程式表示能够发生的反应。

解:(1) 铜(能和浓硫酸、浓硝酸反应)

$$Cu + 2H_2SO_4(浓) = CuSO_4 + SO_2 + 2H_2O$$

$$Cu + 4HNO_3(浓) = Cu(NO_3)_2 + 2NO_2 + 2H_2O$$

(2) 银(能和浓硫酸、浓硝酸反应)

$$2Ag + 2H_2SO_4(浓) = Ag_2SO_4 + SO_2 + 2H_2O$$

$$Ag + 2HNO_3(浓) = AgNO_3 + NO_2 + H_2O$$

(3) 锌和镉(能和盐酸、硫酸、硝酸反应)(M = Zn,Cd)

$$M + 2HCl = MCl_2 + H_2$$

$$M + H_2SO_4 = MSO_4 + H_2$$

$$M + 2HNO_3 = M(NO_3)_2 + H_2$$

$$M + 2H_2SO_4(浓) = MSO_4 + SO_2 + 2H_2O$$

$$M + 4HNO_3(浓) = M(NO_3)_2 + 2NO_2 + 2H_2O$$

$$3M + 8HNO_3(浓) = 3M(NO_3)_2 + 2NO + 4H_2O$$

(4) 汞(能和浓硫酸、浓硝酸反应)

$$Hg + 2H_2SO_4(浓) = HgSO_4 + SO_2 + 2H_2O$$

$$Hg + 4HNO_3(浓) = Hg(NO_3)_2 + 2NO_2 + 2H_2O$$

9-4 根据 HgS(s)氧化生成 HgO(s)和 $SO_2(g)$,HgO(s)分解为 Hg(l)和 $O_2(g)$ 反应的 $\Delta G^\ominus$,计算 HgS(s)氧化生成 Hg(l)和 $SO_2(g)$反应的 $\Delta G^\ominus$。由此判断焙烧硫化汞得到的是 Hg 还是 HgO。

解:

$$2HgS(s) + 3O_2(g) = 2HgO(s) + 2SO_2(g) \qquad \Delta G_1^\ominus = -620kJ$$

$$+)\qquad 2HgO(s) = 2Hg(l) + O_2(g) \qquad \Delta G_2^\ominus = 117kJ$$

$$2HgS(s) + 2O_2(g) = 2Hg(l) + 2SO_2(g) \qquad \Delta G^\ominus = -503kJ$$

因为焙烧硫化汞得到 Hg 和 HgO 的 $\Delta G^\ominus$ 均为负值,两种产物都可能得到,根据反应式,控制 O_2 的量可使产物为 Hg 或 HgO。

9-5 20℃,Hg 的蒸气压为 0.173Pa(1.3×10^{-3} mmHg)。求此温度下被 Hg 蒸气所饱和的 $1m^3$空气中的 Hg 量(常温下允许含量为 $0.1mg\cdot m^{-3}$)。

解: 设 Hg 的量为 x

$$pV = \frac{x}{M}RT$$

$$x = \frac{pVM}{RT} = \frac{0.173Pa \times 1m^3}{293K} \times \frac{10^3L}{1m^3} \times \frac{1mol \cdot K}{8.31 \times 10^3 Pa \cdot L} \times \frac{201g}{1mol} \times \frac{10^3mg}{1g}$$

$$= 14.3\ mg$$

9-6 1.008g 铜银合金溶解后,加入过量 KI,用 $0.1052mol\cdot L^{-1}$ $Na_2S_2O_3$ 溶液滴定,消耗了 29.84 mL。计算合金中铜的质量分数。

解: 铜银合金溶解后变成 Cu^{2+} 和 Ag^+,与 KI 反应得到 CuI 和 AgI。$Na_2S_2O_3$ 可定量滴定以下反应产生的 I_3^-

$$2Cu^{2+} + 5I^- = 2CuI + I_3^-$$

$$I_3^- + 2S_2O_3^{2-} = 3I^- + S_4O_6^{2-}$$

$$\frac{1}{2}n_{Cu^{2+}} \times m_{Cu} \times \frac{1mol}{63.54g} = n_{I_3^-} = \frac{1}{2}n_{S_2O_3^{2-}}$$

$$m_{Cu} \times \frac{1\ mol}{63.54\ g} = \frac{0.1052\ mol}{1\ L} \times 29.84\ mL \times \frac{10^{-3}\ L}{1\ mL}$$

$$m_{Cu} = 0.1995\ g$$

铜银合金中铜的质量分数为

$$\frac{0.1995}{1.008} \times 100\% = 19.79\%$$

9-7　完成并配平下列反应的方程式：

(1) $Cu + CuCl_2 + HCl$(浓)$\xrightarrow{\triangle}$

(2) $Cu_2S + HNO_3$(浓)$\xrightarrow{\triangle}$

(3) $CuS + CN^- \longrightarrow$

(4) $CuS + Cu_2O \xrightarrow{\triangle}$

(5) $Cu^{2+} + SO_2 + X^- + H_2O \longrightarrow$

(6) $Cu^{2+} + Na_2CO_3 + H_2O \longrightarrow$

(7) $Cu^{2+} + I^- \longrightarrow$

(8) $CuFeS_2 + O_2 \xrightarrow{\triangle}$

解：

(1) $Cu + CuCl_2 + 6HCl$(浓)$\xrightarrow{\triangle} 2H_3[CuCl_4]$

(2) $3Cu_2S + 16HNO_3$(浓)$\xrightarrow{\triangle} 6Cu(NO_3)_2 + 3S + 4NO + 8H_2O$

(3) $2CuS + 10CN^- \longrightarrow 2[Cu(CN)_4]^{3-} + 2S^{2-} + (CN)_2$

(4) $CuS + 2Cu_2O \xrightarrow{\triangle} 5Cu + SO_2$

(5) $2Cu^{2+} + SO_2 + 2X^- + 2H_2O \longrightarrow 2CuX + 4H^+ + SO_4^{2-}$

(6) $2Cu^{2+} + 2Na_2CO_3 + H_2O \longrightarrow CuCO_3 \cdot Cu(OH)_2 + 4Na^+ + CO_2$

(7) $2Cu^{2+} + 4I^- \longrightarrow 2CuI + I_2$

(8) $2CuFeS_2 + O_2 \xrightarrow{\triangle} Cu_2S + 2FeS + SO_2$

9-8　写出 Ag^+ 离子分别同下列物质反应的反应式：

(1) SCN^-，(2) SO_3^{2-}，(3) $S_2O_3^{2-}$，(4) CN^-，(5) NO_2^-，(6) H_3PO_3，(7) $Fe(CN)_6^{4-}$，(8) NH_2OH，(9) AsO_4^{3-}，(10) CrO_4^{2-}，(11) Cu。

解：

(1) $Ag^+ + SCN^- = AgSCN$(白色)

(2) $2Ag^+ + SO_3^{2-} = Ag_2SO_3$(白色)

(3) $2Ag^+ + S_2O_3^{2-} = Ag_2S_2O_3$(白色)

$Ag_2S_2O_3 + H_2O = Ag_2S$(黑色)

$Ag^+ + 2S_2O_3^{2-}$(过量)$= [Ag(S_2O_3)_2]^{3-}$

(4) $Ag^+ + CN^- = AgCN$(白色)

$AgCN + CN^- = [Ag(CN)_2]^-$

(5) $Ag^+ + NO_2^- = AgNO_2$(淡黄色)

(6) $2Ag^+ + H_3PO_3 + H_2O = 2Ag$(黑色)$+ H_3PO_4 + 2H^+$

(7) $4Ag^+ + [Fe(CN)_6]^{4-} \longrightarrow Ag_4Fe(CN)_6$(白色)

(8) $2Ag^+ + 2NH_2OH \longrightarrow N_2 + 2Ag$(黑色)$ + 2H^+ + 2H_2O$

(9) $3Ag^+ + AsO_4^{3-} \longrightarrow Ag_3AsO_4$(黄色)

(10) $2Ag^+ + CrO_4^{2-} \longrightarrow Ag_2CrO_4$(砖红色)

(11) $2Ag^+ + Cu \longrightarrow Cu^{2+} + 2Ag$(黑色)

9-9 以 $Hg(NO_3)_2$ 为原料制备下列物质:

(1) Hg_2Cl_2,(2) $HgCl_2$,(3) $Hg_2(NO_3)_2$,(4) $HgSO_4$,(5) Hg,(6) $HgNH_2Cl$。

解:

(1) Hg_2Cl_2 的制备

$$2Hg(NO_3)_2 + SO_2 + 2NaCl + 2H_2O \longrightarrow Hg_2Cl_2 + Na_2SO_4 + 4HNO_3$$

(2) $HgCl_2$ 的制备

$$Hg(NO_3)_2 \xlongequal{\text{缓慢加热}} HgO + 2NO_2 + \frac{1}{2}O_2$$

$$HgO + 2HCl \longrightarrow HgCl_2 + H_2O$$

(3) $Hg_2(NO_3)_2$ 的制备

$$Hg(NO_3)_2 + Hg(\text{过量}) \xlongequal{\text{振荡}} Hg_2(NO_3)_2$$

(4) $HgSO_4$ 的制备

$$Hg(NO_3)_2 + 2NaOH \longrightarrow HgO + 2NaNO_3 + H_2O$$

$$HgO + H_2SO_4 \longrightarrow HgSO_4 + H_2O$$

(5) Hg 的制备

$$Hg(NO_3)_2 + Zn \longrightarrow Zn(NO_3)_2 + Hg$$

(6) $HgNH_2Cl$ 的制备

$$Hg(NO_3)_2 + 2NH_3 + 2KCl \longrightarrow HgNH_2Cl + 2KNO_3 + NH_4Cl$$

9-10 难溶化合物的 K_{sp}和自由焓变 $\Delta G^\ominus$有如下关系式:

$$2.303RT\ \lg K_{sp} = -\Delta G^\ominus$$

请利用下列 $\Delta G_f^\ominus$ 数据计算 AgCl 的 K_{sp}。

	$AgCl(s) \longrightarrow$	$Ag^+(aq)$ +	$Cl^-(aq)$
$\Delta G_f^\ominus/(kJ\cdot mol^{-1})$	−109.72	77.11	−131.17

解:

$$\Delta G^\ominus = -131.2 + 77.1 - (-109.7) = 55.6(kJ\cdot mol^{-1})$$

$$\lg K_{sp} = -9.75$$

$$K_{sp} = 1.8\times 10^{-10}$$

9-11 分别向硝酸铜、硝酸银和硝酸汞的溶液中,加入过量的碘化钾溶液,问各得到什么产物?写出化学反应方程式。

解:(1) $2Cu(NO_3)_2(aq) + 5KI(aq) = 2CuI(s) + KI_3(aq) + 4KNO_3(aq)$

(2) $AgNO_3(aq) + KI(aq) = AgI(s) + KNO_3(aq)$

(3) $Hg(NO_3)_2(aq) + 4KI(aq) = K_2HgI_4(aq) + 2KNO_3(aq)$

9-12　用计算说明:(1) 向$[Cu(CN)_4]^{3-}$溶液中通入 H_2S 至饱和,不生成 Cu_2S 沉淀。(2) 向$[Ag(CN)_2]^-$溶液中通入 H_2S 至饱和,能生成 Ag_2S 沉淀。

解: (1)

$$2[Cu(CN)_4]^{3-} = 2Cu^+ + 8CN^- \qquad K_1 = (1/\beta_4)^2 = 1/(2\times10^{30})^2$$

$$H_2S = 2H^+ + S^{2-} \qquad K_2 = K_{a_1}K_{a_2} = 1.3\times10^{-7}\times7.1\times10^{-15}$$

$$2Cu^+ + S^{2-} = Cu_2S \qquad K_3 = 1/K_{sp} = 1/(2.5\times10^{-50})$$

$$+)\quad 2H^+ + 2CN^- = 2HCN \qquad K_4 = (1/K_a)^2 = 1/(6.2\times10^{-10})^2$$

$$2[Cu(CN)_4]^{3-} + H_2S = Cu_2S(s) + 2HCN + 6CN^-$$

$$K = K_1K_2K_3K_4 = \frac{1.3\times7.1\times10^{-22}}{4\times2.5\times6.2^2\times10^{-10}} = 2.5\times10^{-14}$$

平衡常数很小,反应不能进行。

(2)
$$2[Ag(CN)_2]^- = 2Ag^+ + 4CN^- \qquad K_1 = (1/\beta_2)^2 = 1/(1.25\times10^{21})^2$$

$$H_2S = 2H^+ + S^{2-} \qquad K_2 = K_{a_1}K_{a_2} = 1.3\times10^{-7}\times7.1\times10^{-15}$$

$$2Ag^+ + S^{2-} = Ag_2S \qquad K_3 = 1/K_{sp} = 1/(2\times10^{-40})$$

$$+)\quad 2H^+ + 2CN^- = 2HCN \qquad K_4 = (1/K_a)^2 = 1/(6.2\times10^{-10})^2$$

$$2[Ag(CN)_2]^- + H_2S = Ag_2S(s) + 2HCN + 2CN^-$$

$$K = K_1K_2K_3K_4 = \frac{1.3\times7.1\times10^{-22}}{1.25\times2\times6.2^2\times10^{-27}} = 7.7\times10^3$$

平衡常数较大,反应可以进行。

9-13　氯化亚铜、氯化亚汞都是反磁性物质。问该用 CuCl,HgCl 还是 Cu_2Cl_2,Hg_2Cl_2 表示其组成?为什么?

解: $Cu(3d^{10}4s^1)$与 $Cl(3s^23p^5)$组成 CuCl 没有不成对电子,Cu(Ⅰ)为 18 电子结构,与反磁性相符。

$Hg(5d^{10}6s^2)$与 $Cl(3s^23p^5)$组成 HgCl 有一个单电子,与反磁性不相符,应用 Hg_2Cl_2 表示其组成。

9-14　$Hg_2(NO_3)_2$ 和过量 KI 反应生成何物?

解: $Hg_2(NO_3)_2$ 和过量 KI 反应生成 HgI_4^{2-} 和 Hg

$$Hg_2^{2+} + 4I^- = Hg_4^{2-} + Hg$$

9-15　有人用铁粉还原回收定影液中的银。请根据电极电势值估计此反应的完全程度如何?

解: $[Ag(S_2O_3)_2]^{3-} + e \rlap{=}{=\!=} Ag + 2S_2O_3^{2-}$ $E^\ominus = 0.01\ V$

+) $Fe = Fe^{2+} + 2e$ $E^\ominus = -0.44\ V$

$$2[Ag(S_2O_3)_2]^{3-} + Fe = Ag + Fe^{2+} + 4S_2O_3^{2-}$$

$$E^\ominus_{电池} = 0.01 - (-0.44) = 0.45(V) > 0.2(V)$$

反应可以进行完全。

9-16 1.84g 氯化汞溶于 100g 水中(水的摩尔凝固点降低常数 $K_f = 1.86\ K \cdot kg \cdot mol^{-1}$)。测得水溶液的凝固点为 $-0.126℃$，用计算说明氯化汞在水溶液中的电离情况。

解：设 $HgCl_2$ 在水中不电离，以分子形式存在。根据稀溶液的依数性，水的凝固点由于 $HgCl_2$ 分子的影响降低值为 ΔT_f

$$\Delta T_f = K_f m = \frac{1.86K \cdot kg}{1mol} \times \frac{1.84g}{100g} \times \frac{1mol}{272g} \times \frac{1g}{10^{-3}kg} = 0.126K$$

水的 $T_{f(溶剂)} = 0℃$

$$T_{f(溶液)} = T_{f(溶剂)} - \Delta T_f = 0 - 0.126 = -0.126(℃)$$

与实验测定的结果相符，说明 $HgCl_2$ 在水溶液中的电离很弱。

9-17 请回答下列各问题：

(1) $CuSO_4$ 是杀虫剂，为什么要和石灰混用？

(2) Hg_2Cl_2 是利尿剂，为什么有时服用含 Hg_2Cl_2 的药剂后会中毒？

(3) 为什么酸性 $ZnCl_2$ 溶液能作“熟镪水”用(焊铁壶时除去铁表面的氧化物)？

(4) $HgCl_2$，$Hg(NO_3)_2$ 都是可溶 Hg(Ⅱ)盐。哪一种需要在相应的酸溶液中配制其溶液？

(5) 为什么要用棕色瓶储存 $AgNO_3$(固体或溶液)？

解：(1) $CuSO_4$ 水解显酸性，加适量石灰，可中和其酸性。

(2) Hg_2Cl_2 在光照下分解为剧毒的 $HgCl_2$ 和 Hg

$$Hg_2Cl_2 = HgCl_2 + Hg$$

(3)酸性 $ZnCl_2$ 溶液中含有的 HCl 可以和铁氧化物反应，但比较缓和。

(4) $Hg(NO_3)_2$ 在溶于水时发生水解

$$3Hg(NO_3)_2 + 3H_2O = Hg_3O_2(NO_3)_2 \cdot H_2O(s) + 4HNO_3$$

因此需要在硝酸中配制。

(5) $AgNO_3$ 见光分解

$$2AgNO_3 = Ag + 2NO_2 + O_2$$

所以应保存在棕色瓶中。

9-18 解释以下现象：

(1) Cu(Ⅱ)可以被 I^- 还原成 Cu(Ⅰ)，但不会被 Cl^- 还原。

(2) 金子可以耐普通酸的腐蚀,却能溶解在王水中。

(3) 金属铜可以溶解在 KCN 水溶液中并放出气体。

解: (1) 水溶液中可生成$[CuCl_4]^{2-}$,不能生成$[CuI_4]^{2-}$。

(2) Au 被氧化并发生络合作用生成 $AuCl_4^-$。

(3) 因为$[Cu(CN)_4]^{2-}$络离子非常稳定,使得

$$E^{\ominus}_{[Cu(CN)_4]^{2-}/Cu} < E^{\ominus}_{H_2O/H_2}$$

9-19　解释以下实验现象

(1) 在 $Cu(NO_3)_2$ 溶液中加入 KI 溶液可生成 CuI 沉淀,而加入 KCl 溶液不会生成 CuCl 沉淀。

(2) 向 $Hg_2(NO_3)_2$ 溶液中通 H_2S 气体生成的是 HgS 和 Hg,而不是 Hg_2S。

(3) 在 $AgNO_3$ 溶液中要加入一定量氨水,使 Ag^+ 变成$[Ag(NH_3)_2]^+$后再与葡萄糖溶液作用,才能在试管壁生成银镜。

(4) 黄色的 CdS 能溶于 $3mol·L^{-1}$ HCl 中而不溶于 $3mol·L^{-1}$ $HClO_4$ 中。

解: (1) 这个反应既是氧化还原反应又是沉淀反应,I^-是比 Cl^-强的还原剂,CuI 的溶解度小于 CuCl,所以

$$2Cu^{2+} + 4I^- = 2CuI + I_2$$

可以进行,而

$$2Cu^{2+} + 4Cl^- = 2CuCl + Cl_2$$

不能进行。

(2) Hg_2^{2+} 有一定歧化反应的倾向

$$Hg_2^{2+} = Hg^{2+} + Hg$$

$$E^{\ominus}_{电池} = 0.79 - 0.92 = -0.13(V) > -0.2(V)$$

通入 H_2S 时,Hg^{2+}可与 S^{2-}生成溶解度很小的 HgS 沉淀而促使反应进行。

$$Hg_2^{2+} + S^{2-} = HgS + Hg$$

(3) 形成$[Ag(NH_3)_2]^+$可使反应在碱性条件下进行而不会生成 AgO 沉淀,缓慢生成的 Ag 可形成银镜。

$$2[Ag(NH_3)_2]^+ + RCHO + 2OH^- = RCOONH_4^+ + 2Ag + 3NH_3 + H_2O$$

(4) CdS 溶度积较小,难溶于强酸,但 Cl^-可以和 Cd^{2+}生成络离子 $CdCl_4^{2-}$,所以可溶解 CdS

$$CdS + 4Cl^- + 2H^+ = CdCl_4^{2-} + H_2S$$

而 ClO_4^- 无络合作用,所以 $HClO_4$ 不能溶解 CdS。

9-20　试回答下列问题

(1) 如果有一个化学式为 $C_5H_5AgNH_3$ 的化合物被分离出来,其中的环戊二烯

基团与金属银是如何结合的?

(2) 乙二胺合铜络离子$[Cu(en)_2]^{2+}$比铜氨离子$[Cu(NH_3)_4]^{2+}$稳定,而乙二胺合银络离子$[Ag(en)]^+$没有银氨离子$[Ag(NH_3)_3]^+$稳定,为什么?

解: (1) Ag 以 sp 杂化轨道和 NH_3,C_5H_5 形成直线型配合物。Ag 的 1 个 s 电子与 C_5H_5 的 4 个 π 电子形成共轭体系。

(2) 乙二胺(en)是双基配位体,Cu^{2+}以 dsp^2杂化轨道形式与两个 en 形成两个环的螯合离子。

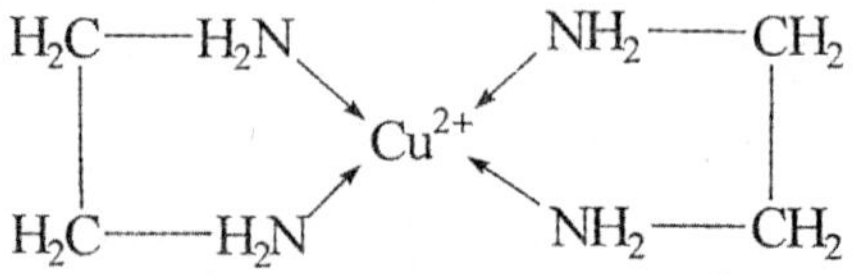

$$[Cu(NH_3)_4]^{2+} + 2en = [Cu(en)_2]^{2+} + 4NH_3$$

该反应的结果是粒子数增加,混乱度增加,是熵增过程,所以$[Cu(en)_2]^{2+}$比$[Cu(NH_3)_4]^{2+}$稳定。

Ag^+以 sp 杂化轨道成键,所以与 2 个 NH_3 分子形成的直线型结构,比与 1 个 en 形成的环状结构更稳定。

9-21　如何进行阳离子系统分析

解:

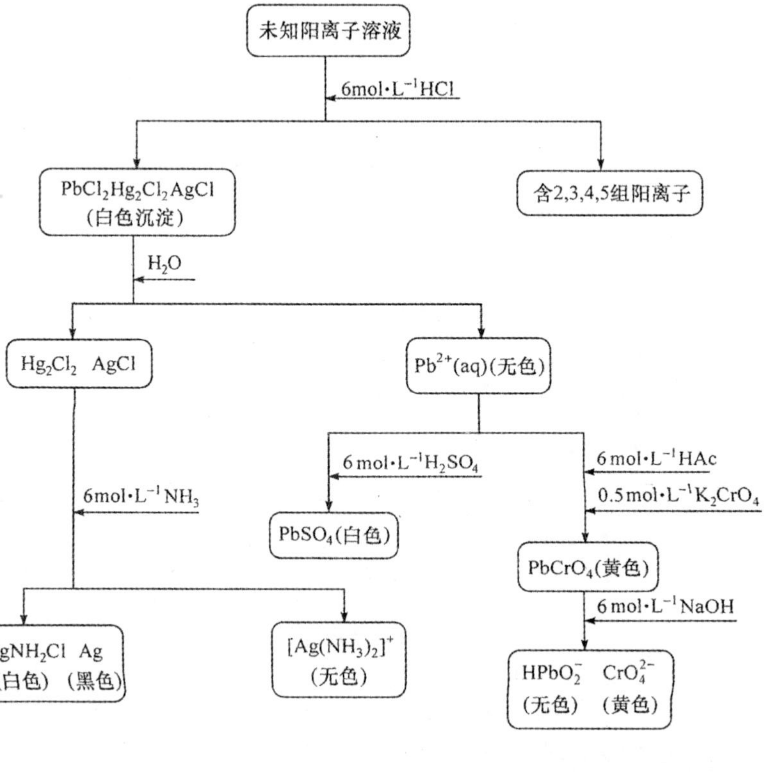

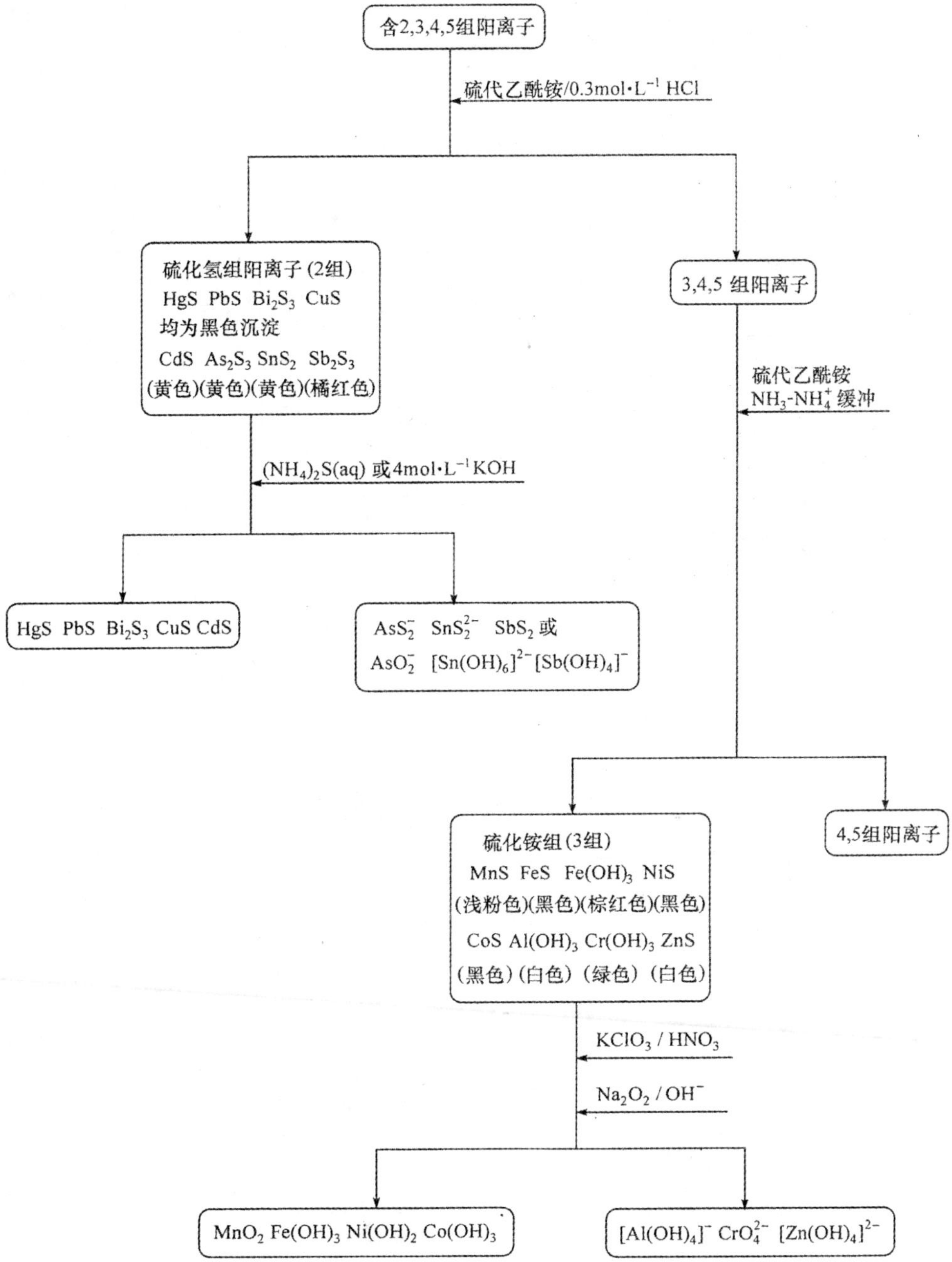
含2,3,4,5组阳离子
硫代乙酰铵/0.3mol·L⁻¹ HCl
硫化氢组阳离子(2组)
HgS PbS Bi2S3 CuS
均为黑色沉淀
CdS As2S3 SnS2 Sb2S3
(黄色)(黄色)(黄色)(橘红色)
(NH4)2S(aq) 或4mol·L⁻¹ KOH
HgS PbS Bi2S3 CuS CdS
AsS2⁻ SnS3²⁻ SbS2 或
AsO2⁻ [Sn(OH)6]²⁻ [Sb(OH)4]⁻
3,4,5 组阳离子
硫代乙酰铵
NH3-NH4⁺ 缓冲
硫化铵组(3组)
MnS FeS Fe(OH)3 NiS
(浅粉色)(黑色)(棕红色)(黑色)
CoS Al(OH)3 Cr(OH)3 ZnS
(黑色)(白色)(绿色)(白色)
4,5组阳离子
KClO3 / HNO3
Na2O2 / OH⁻
MnO2 Fe(OH)3 Ni(OH)2 Co(OH)3
[Al(OH)4]⁻ CrO4²⁻ [Zn(OH)4]²⁻

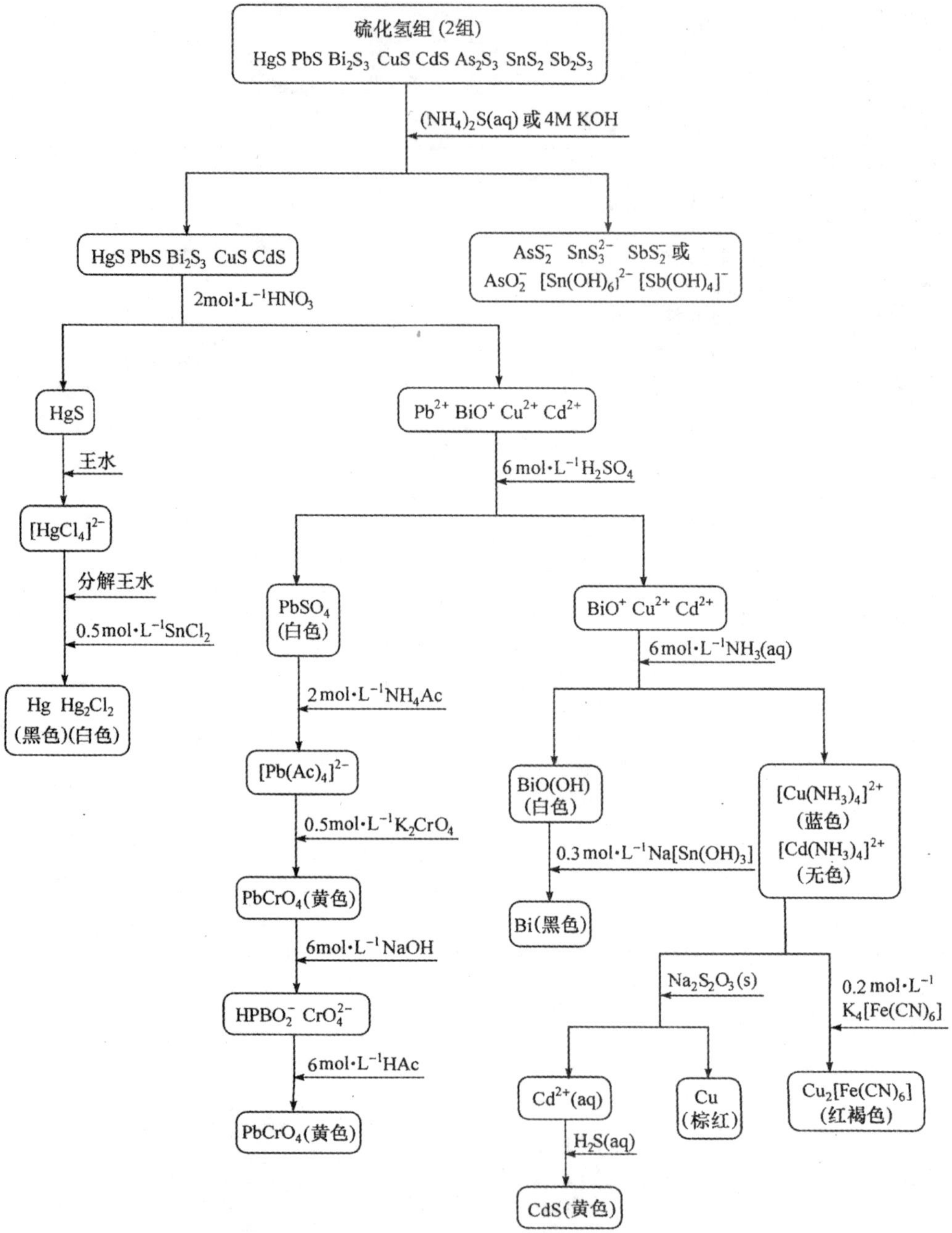

```
                   硫化氢组 (2组)
         HgS PbS Bi₂S₃ CuS CdS As₂S₃ SnS₂ Sb₂S₃
                        │ (NH₄)₂S(aq) 或 4M KOH
         ┌──────────────┴──────────────┐
   HgS PbS Bi₂S₃ CuS CdS        AsS₂⁻  SnS₃²⁻  SbS₂⁻ 或
         │ 2mol·L⁻¹HNO₃          AsO₂⁻ [Sn(OH)₆]²⁻ [Sb(OH)₄]⁻
    ┌────┴────┐
   HgS     Pb²⁺ BiO⁺ Cu²⁺ Cd²⁺
    │ 王水        │ 6mol·L⁻¹H₂SO₄
 [HgCl₄]²⁻   ┌───┴────────┐
    │ 分解王水  PbSO₄      BiO⁺ Cu²⁺ Cd²⁺
    │ 0.5mol·L⁻¹SnCl₂ (白色)   │ 6mol·L⁻¹NH₃(aq)
    │           │ 2mol·L⁻¹NH₄Ac
 Hg  Hg₂Cl₂  [Pb(Ac)₄]²⁻   ┌──────┴──────┐
 (黑色)(白色)    │          BiO(OH)    [Cu(NH₃)₄]²⁺
              0.5mol·L⁻¹K₂CrO₄ (白色)      (蓝色)
                │          │ 0.3mol·L⁻¹ [Cd(NH₃)₄]²⁺
             PbCrO₄(黄色)   Na[Sn(OH)₃]   (无色)
                │ 6mol·L⁻¹NaOH │
             HPBO₂⁻ CrO₄²⁻   Bi(黑色)
                │ 6mol·L⁻¹HAc
             PbCrO₄(黄色)
                       Na₂S₂O₃(s)        0.2 mol·L⁻¹
                         ┌──┴──┐          K₄[Fe(CN)₆]
                      Cd²⁺(aq)  Cu       Cu₂[Fe(CN)₆]
                         │ H₂S(aq) (棕红)    (红褐色)
                      CdS(黄色)
```

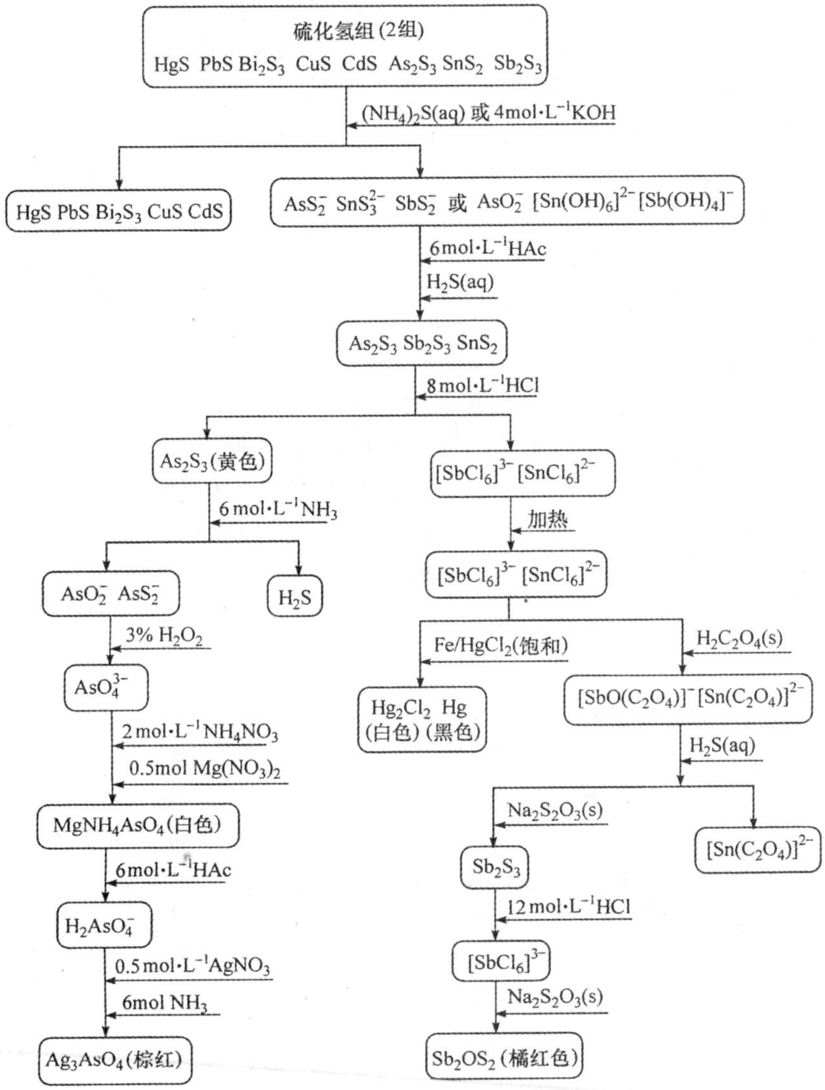

9-22　回答下列问题

(1) 从离子混合试液中沉淀和洗涤 Ag^+ 和 Pb^{2+} 的氯化物时为什么要用 HCl 溶液，如改用 NaCl 溶液或浓 HCl 行不行？为什么？

(2) 在用硫代乙酰胺从离子混合试液中沉淀 Cu^{2+}，Hg^{2+}，Bi^{2+}，Pb^{2+} 等离子时，为什么要控制溶液的酸度为$[H^+]=0.3\ mol\cdot L^{-1}$？酸度太高或太低对分离有何影响？控制酸度为什么要用 HCl 溶液？在沉淀过程中，为什么还要加水稀释溶液？

(3) 洗涤 CuS，HgS，Bi_2S_3，PbS 沉淀时，为什么要用约 $0.1\ mol\cdot L^{-1}$的 NH_3NO_3

溶液？如果沉淀没有洗净还沾有 Cl^- 时，对 HgS 与其他硫化物的分离有何影响？

解：(1) 在酸性条件下沉淀 Ag^+ 和 Pb^{2+}，可防止在中性条件下 Bi^{3+} 水解生成 BiOCl 沉淀，不能实现系统分析中 Ag^+，Pb^{2+} 和 Bi^{3+} 的分离。若用浓 HCl，可形成 $AgCl_2^-$ 和 $PbCl_4^{2-}$ 而不能沉淀。

(2) 在系统分析中，这一步的目的是将硫化氢组 Cu^{2+}，Hg^{2+}，Bi^{3+}，Pb^{2+} 等离子沉淀，而让硫化铵组的 Zn^{2+} 等离子留在溶液中。如果酸度过高，硫化氢组会沉淀不完全。如果酸度过低，硫化铵组会沉淀出来，所以保持溶液在特定的酸度可实现两组离子的分离。控制酸度只能用 HCl。若用 HNO_3 会将部分硫化氢组的硫化物溶解。在沉淀的过程中，会释放出 H^+ 离子，溶液的酸度增加，加水可降低酸度。

$$M^{2+} + H_2S = MS + 2H^+$$

(3) 洗涤硫化物沉淀用电解质溶液代替水，可防止硫化物沉淀形成胶体，如果沉淀上沾有 Cl^-，加入 HNO_3 后形成王水，使 HgS 溶解，从而不能将 Hg^{2+} 和其他离子分离。

9-23　用什么试剂区别以下各组物质：

(1) $HgCl_2$ 和 Hg_2Cl_2；(2) $Zn(OH)_2$ 和 $Cd(OH)_2$；(3) AgCl 和 $HgCl_2$；(4) $SnCl_2$ 和 $CdCl_2$。

解：(1) 用水溶解，$HgCl_2$ 易溶于水，Hg_2Cl_2 难溶于水。

(2) 加入过量 NaOH 可溶解两性的 $Zn(OH)_2$，而 $Cd(OH)_2$ 不溶于过量 NaOH。

(3) 加水，AgCl 难溶，$HgCl_2$ 易溶。

(4) 溶于水后，将 $SnCl_2$ 溶液逐滴加入 $HgCl_2$ 溶液中。可观察到先生成白色沉淀，放置 2～3 分钟后沉淀变黑，$CdCl_2$ 无此现象。

$$2HgCl_2 + SnCl_2 = Hg_2Cl_2(\text{白}) + SnCl_4$$

$$Hg_2Cl_2 + SnCl_2 = 2Hg(\text{黑}) + SnCl_4$$

9-24　有一试样中含有银离子和铅离子，浓度均为 $0.010\ mol\cdot L^{-1}$。如果逐滴加入 $6\ mol\cdot L^{-1}$ 盐酸，(1) 当 99% 的银离子沉淀为 AgCl 时，有无 $PbCl_2$ 沉淀生成？(2) 若要 99% 的铅离子沉淀为 $PbCl_2$，氯离子的浓度需多大？

解：(1) 当 99% 的银离子沉淀为 AgCl 时，$[Ag^+] = 0.010 - 0.010\times 99\% = 1.0\times 10^{-4}(mol\cdot L^{-1})$，

$$[Ag^+][Cl^-] = (1.0\times 10^{-4})\ [Cl^-] = 1.6\times 10^{-10} = K_{sp}$$

$$[Cl^-] = 1.6\times 10^{-6}(mol\cdot L^{-1})$$

在此浓度下，不会有 $PbCl_2$ 沉淀生成，因为 Pb^{2+} 和 Cl^- 的离子浓度积小于它们的溶度积。

$$Q = [Pb^{2+}][Cl^-]^2 = 0.010\times(1.6\times 10^{-6})^2 = 2.6\times 10^{-14} < 1.6\times 10^{-5} = K_{sp}$$

(2) 当 99% 的铅离子沉淀为 $PbCl_2$ 时，$[Pb^{2+}]=1.0\times10^{-4}\ mol\cdot L^{-1}$

$$[Pb^{2+}][Cl^-]^2=(1.0\times10^{-4})[Cl^-]^2=1.6\times10^{-5}=K_{sp}$$

$$[Cl^-]=0.4(mol\cdot L^{-1})$$

9-25 往 $4.5\times10^{-4}\ mol\cdot L^{-1}$ AgCl 沉淀中加 3 mL $2mol\cdot L^{-1}$ $NH_3(aq)$，有多少 mol AgCl 会溶解？已知 $K_{稳}=1.6\times10^7$，$K_{sp}=1.6\times10^{-10}$。

解：反应式为

$$AgCl + 2NH_3(aq) \xlongequal{\quad} [Ag(NH_3)_2^+](aq) + Cl^-(aq)$$

$$K = K_{sp}\times K_{稳} = [Ag^+][Cl^-]\times\frac{[Ag(NH_3)_2^+]}{[Ag^+][NH_3]^2} = \frac{[Ag(NH_3)_2^+][Cl^-]}{[NH_3]^2}$$

$$=(1.6\times10^{-10})(1.6\times10^7)$$

$$=2.6\times10^{-3}$$

设：　$[Cl^-]=x\ mol\cdot L^{-1}$

则有　$[Ag(NH_3)_2^+]=x\ mol\cdot L^{-1}$　　$[NH_3]=(2.0-2x)\ mol\cdot L^{-1}$

代入上式

$$K = \frac{x^2}{(2.0-2x)^2}=2.6\times10^{-3}$$

$$\frac{x}{2.0-2x}=5.1\times10^{-2}$$

$[Cl^-]=[Ag(NH_3)_2^+]=x=0.093\ mol\cdot L^{-1}$　　$[NH_3]=1.8\ mol\cdot L^{-1}$

被溶解的 AgCl 的量为

$$3.0mL\times\frac{1L}{1000mL}\times\frac{0.093\ mol\ Cl^-}{1L}\times\frac{1mol\ AgCl}{1mol\ Cl^-}=2.8\times10^{-4}\ mol\ AgCl$$

注意：在 3 mL $2.0\ mol\cdot L^{-1}$ $NH_3(aq)$ 中有 60×10^{-4} mol $NH_3\cdot H_2O$，但是反应中只消耗了 5.6×10^{-4} mol。

9-26 在 9-25 题所得的溶液中，加入一定量 H_3O^+ 又可生成 AgCl 沉淀。如果 2.0 mg 为 AgCl 沉淀在水溶液中可观察到的量，需要加入多少毫摩尔 H_3O^+ 才能得到可观察量的 AgCl 沉淀？

解：本题需要分步计算。

(1) 由题 9-25 所得溶液的组成为

$[Ag(NH_3)_2^+]=[Cl^-]=0.093\ mol\cdot L^{-1}$　　$[NH_3]=1.8\ mol\cdot L^{-1}$

(2) 重新沉淀 2.0 mg AgCl 消耗掉

$$2.0mg\ AgCl\times\frac{1mmol\ AgCl}{143mg\ AgCl}\times\frac{1mmol\ Cl^-}{1mmol\ AgCl}=1.4\times10^{-2}mmol\ Cl^-$$

和 1.4×10^{-2}mmol $Ag(NH_3)_2^+$

(3) 溶液中 Cl^- 和 $[Ag(NH_3)_2]^+$ 的减少量为

$$\Delta[Cl^-]=\Delta[Ag(NH_3)_2^+]=\frac{1.4\times10^{-3}\text{mmol}}{3.0\text{mL}}=4.7\times10^{-3}\ \text{mol}\cdot\text{L}^{-1}$$

(4) AgCl 沉淀后溶液 Cl^- 和 $[Ag(NH_3)_2]^+$ 的浓度为

$$[Cl^-]=[Ag(NH_3)_2^+]=0.093\ \text{mol}\cdot\text{L}^{-1}-4.7\times10^{-3}\ \text{mol}\cdot\text{L}^{-1}=0.088\ \text{mol}\cdot\text{L}^{-1}$$

(5) 将以上数值代入下式可计算 NH_3 的浓度为

$$K=\frac{[Ag(NH_3)_2^+][Cl^-]}{[NH_3]^2}=\frac{(0.088)^2}{[NH_3]^2}=2.6\times10^{-3}$$

(6) 所加入的氢离子由以下两个反应消耗:

1) 一部分用于使 $[Ag(NH_3)_2]^+$ 减少

$$\Delta[Ag(NH_3)_2^+]=4.7\times10^{-3}\ \text{mol}\cdot\text{L}^{-1}$$

$$Ag(NH_3)_2^+(aq)+2H_3O^+(aq)=\!=\!=Ag^+(aq)+NH_4{}^+(aq)+2H_2O$$

2) 另一部分与自由 NH_3 中和,使 NH_3 浓度由 1.8 $\text{mol}\cdot\text{L}^{-1}$ 变成 1.7 $\text{mol}\cdot\text{L}^{-1}$。即 $\Delta[NH_3]=0.1\ \text{mol}\cdot\text{L}^{-1}$。

$$NH_3(aq)+H_3O^+(aq)=\!=\!=NH_4^+(aq)+H_2O$$

所需 H_3O^+ 的总量为

$$3.0\text{mL}\times\frac{4.7\times10^{-3}\text{mmol}\ [Ag(NH_3)_2]^+}{1\text{mL}}\times\frac{2\text{mmol}\ H_3O^+}{1\text{mmol}\ [Ag(NH_3)_2]^+}$$

$$+\left(3.0\text{mL}\times\frac{0.10\text{mmol}\ NH_3}{1\text{mL}}\times\frac{1\text{mmol}\ H_3O^+}{1\text{mmol}\ NH_3}\right)$$

$$=0.028\text{mmol}+0.30\text{mmol}$$

$$=0.33\text{mmol}$$

该量相当于加入 0.06 mL(约一滴)6$\text{mol}\cdot\text{L}^{-1}$ HNO_3。

9-27 用半电池反应的标准电极电势判断 Hg(Ⅱ)被 Sn(Ⅱ)还原成 Hg(Ⅰ)的自发性,并计算 25℃时反应的平衡常数。

解: $2Hg^{2+}+2e=\!=\!=Hg_2{}^{2+}$ $E^\ominus=0.920\ \text{V}$

$Sn^{2+}=\!=\!=Sn^{4+}+2e$ $E^\ominus=0.15\text{V}$

$2Hg^{2+}+Sn^{2+}=\!=\!=Hg_2^{2+}+Sn^{4+}$ $E^\ominus_{电池}=0.77\text{V}>0$

反应自发进行。

反应的平衡常数符合下式

$$E^\ominus_{电池}=\frac{0.059}{2}\lg K$$

$$0.77V = \frac{0.059}{2}\lg K$$

$$\lg K = \frac{2 \times 0.77}{0.059} = 26$$

$$K = 1 \times 10^{26}$$

9-28　已知某试液中只可能含有 Pb^{2+} 或(和)Hg^{2+}，设计实验步骤确定是哪种离子。

解： $PbCl_2(s)$微溶于水，$HgCl_2(s)$溶于水；Hg^{2+} 可被 $SnCl_2$ 还原成金属汞，而 Pb^{2+}不被还原。因此可先滴加 $6mol\cdot L^{-1}$ HCl(aq)，如有白色沉淀，说明有 Pb^{2+}。在清液中加 $0.5mol\cdot L^{-1}$ $SnCl_2(aq)$，如有灰色沉淀生成，说明有 Hg^{2+}存在。

9-29　下列离子中哪些可以形成有色络离子。(1) Ag^+，(2)Fe^{3+}，(3)V^{2+}。

解： (1) Ag(Ⅰ)的 d 轨道为较稳定的 d^0构型，形成络离子时分裂能较大。电子在轨道间跃迁所吸收的能量在紫外光区，所以形成无色络离子。

(2) Fe(Ⅲ)具有 d^5构型，形成络离子时与分裂能相当的光在较短波长的可见光区。络离子的颜色较浅。

(3) V(Ⅱ)的具有 d^3构型，分裂能在可见光区，形成有色络离子。水溶液中 V(Ⅱ)化合物呈紫色。

9-30　以下哪些离子会与 $NH_3\cdot H_2O$ 反应生成氢氧化物沉淀。写出反应方程式。

$Cr^{3+}(aq)$　　$Ni^{2+}(aq)$　　$Fe^{3+}(aq)$　　$Ag^+(aq)$

解： $Cr(OH)_3(s)$和 $Fe(OH)_3(s)$沉淀。反应式为

$$[Cr(H_2O)_6]^{3+}(aq) + 3NH_3(aq) = Cr(OH)_3(s) + 3NH_4^+(aq) + 3H_2O$$

$$[Fe(H_2O)_6]^{3+}(aq) + 3NH_3(aq) = Fe(OH)_3(s) + 3NH_4^+(aq) + 3H_2O$$

9-31　解释为什么铜(Ⅱ)络离子都是有色的，而镉(Ⅱ)络离子都是无色的。

解： 铜(Ⅱ)有 d^9轨道构型，所以络离子都是有色的；镉(Ⅱ)是 d^{10}轨道构型，所以络离子都是无色的。

9-32　写出将盐酸加到 As_2S_3 和 SnS_2 混合溶液中的离子反应方程式。

解： As_2S_3 和 HCl(aq)不反应。

$$SnS_2(s) + 4H^+(aq) + 6Cl^-(aq) = [SnCl_6]^{2-}(aq) + 2H_2S(g)$$

9-33　写出 $Hg^{2+}(aq)$和(1)$H_2S(aq)$，(2)$Cl^-(aq)$反应的方程式。

解： (1) $Hg^{2+}(aq) + H_2S(aq) = HgS(s) + 2H^+(aq)$

(2) $Hg^{2+}(aq) + 4Cl^-(aq) = [HgCl_4]^{2-}(aq)$

9-34　某溶液可能只含有阳离子 Cd^{2+} 或 Sn^{4+}，设计简单方法确定哪种离子存在。

解: 这两种离子都能和硫离子在酸性溶液中生成黄色硫化物 CdS(s) 和 SnS_2(s),但是 SnS_2(s)溶于碱溶液而 CdS(s)不溶。因此可在 0.3mol·L^{-1} HCl 溶液中沉淀硫化物。如果黄色沉淀不溶于 6mol·L^{-1} KOH 而溶于 6mol·L^{-1} HCl,则说明存在 Cd^{2+}。如果黄色沉淀溶于 6mol·L^{-1} KOH,酸化后又产生沉淀,则说明存在 Sn^{4+}。

9-35　AgOH 的 $K_{sp}=2\times10^{-8}$,水的离子积 $K_w=1.0\times10^{-14}$。计算当 Ag^+ 浓度(mol·L^{-1})分别为 10^{-2},10^{-3},10^{-4},10^{-5}时,开始生成 AgOH 沉淀的 pH。用计算结果绘出 AgOH 的 lg[Ag^+]-pH 图。

解:

$$[Ag^+][OH^-]=K_{sp}=2\times10^{-8}$$

$$[Ag^+]\times\frac{K_w}{[H^+]}=K_{sp}$$

$$[H^+]=[Ag^+]\times\frac{K_w}{K_{sp}}$$

$$\lg[H^+]=\lg[Ag^+]+\lg K_w-\lg K_{sp}$$

$$pH=-\lg[Ag^+]-\lg K_w+\lg K_{sp}=-\lg[Ag^+]+6.30$$

$[Ag^+]/(mol\cdot L^{-1})$	10^{-2}	10^{-3}	10^{-4}	10^{-5}
$\lg[Ag^+]$	−2	−3	−4	−5
pH	8.3	9.3	10.3	11.3

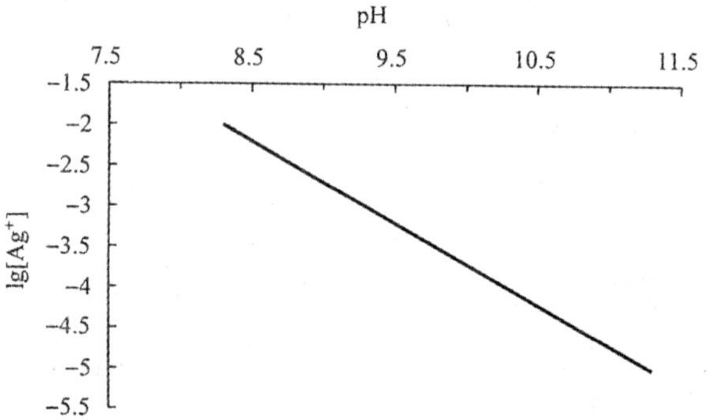

9-36　1mL 0.2mol·L^{-1} HCl 溶液中含有 Cu^{2+} 离子 5mg。若在室温及 1atm 下通入 H_2S 气体至饱和,析出 CuS 沉淀。问达平衡时,溶液中残留的 Cu^{2+} 离子浓度(用 mol·L^{-1}表示)为多少?

解: 假定平衡时 Cu^{2+} 已全部转变成 CuS 沉淀,设[Cu^{2+}] $=x$,则[H^+] $=(0.2+2x)$。H_2S 气体饱和后的[H_2S] $=0.10$ mol·L^{-1}。

Cu^{2+} 的初始浓度:

$$[Cu^{2+}]=\frac{5mg}{1mL}\times\frac{10^3mL}{1L}\times\frac{1g}{10^3mg}\times\frac{1mol}{63.45g}=0.0788\ mol\cdot L^{-1}$$

$$Cu^{2+}+H_2S \xlongequal{} CuS+2H^+ \qquad K=K_1K_2/K_{sp}$$

平衡时　x　　0.10　　$0.2+2x$

$$\frac{(0.2+2\times0.0788)^2}{0.10x}=\frac{K_1K_2}{K_{sp}}=\frac{9.1\times10^{-8}\times1.1\times10^{-8}}{1.27\times10^{-36}}$$

$$x=1.62\times10^{-17}(mol\cdot L^{-1})$$

9-37　有一份硝酸铜和硝酸银的混合物，试设计一个分离它们的方案。

解：若是固体混合物，可利用 $Cu(NO_3)_2$ 和 $AgNO_3$ 的热分解温度不同

$$2AgNO_3 \xrightarrow{444℃} 2Ag+2NO_2+O_2$$

$$2Cu(NO_3)_2 \xrightarrow{200℃} 2CuO+4NO_2+O_2$$

将混合物加热至200～300℃，使 $Cu(NO_3)_2$ 分解为不溶于水的CuO，用水溶解热的 $AgNO_3$，过滤分离CuO，浓缩溶液得到纯的 $AgNO_3$。

若是溶液混合物，可加适量新制的 Ag_2O，使 Cu^{2+} 沉淀为 $Cu(OH)_2$。

$$Cu(NO_3)_2+Ag_2O+H_2O \xlongequal{} 2AgNO_3+Cu(OH)_2$$

反应后过滤分离 $Cu(OH)_2$。

9-38　设计实验方案，分离下列各组物质：

(1) Zn^{2+} 和 Cd^{2+}，(2) Cu^{2+} 和 Zn^{2+}，(3) Ag^+，Pb^{2+} 和 Hg^{2+}，(4) Zn^{2+}，Cd^{2+} 和 Hg^{2+}。

解：(1) 在 $0.3\ mol\cdot L^{-1}$ HCl 中通 H_2S，CdS 沉淀，Zn^{2+} 不沉淀。

(2) 在 HCl 溶液中通 H_2S，CuS 沉淀，Zn^{2+} 不沉淀。

(3) 加 NaCl 到混合溶液中，AgCl 和 $PbCl_2$ 沉淀，Hg^{2+} 不沉淀。过滤后，在沉淀上加少量水，加热，$PbCl_2$ 溶解，AgCl 不溶。

(4) 在 $0.3\ mol\cdot L^{-1}$ HCl 溶液中通 H_2S，CdS 和 HgS 沉淀。Zn^{2+} 不沉淀，过滤，用 $4\ mol\cdot L^{-1}$ HCl 溶解 CdS，HgS 不溶。

第十章　过渡金属元素

(一) 概　　述

过渡金属元素(transition metal)是指原子的外层电子构型是$(n-1)d^{1\sim10}ns^{1\sim2}$,由于$(n-1)$d 电子对 ns 电子的屏蔽作用较小,原子核的有效核电荷较大,所以同周期元素的原子半径随原子序数增加而略有减小。其中,d 电子为 5 和 10 时,屏蔽作用较强,所以这几个元素的原子半径较大。过渡金属元素单质的密度无论同周期和同族都随原子序数增加而增大。一般把第四周期的过渡金属元素叫轻过渡元素或第一过渡元素,第五、六周期的过渡金属元素叫重过渡元素或第二、三过渡元素。第一过渡金属元素的化学性质比较活泼,与酸反应可以置换出酸中的氢放出氢气。高氧化态化合物不稳定,其第一、第二电离能之和从左到右依次增大,M^{2+}离子半径依次减小,水合热依次增大。第二、三过渡元素金属中 Y,La 以及镧系元素是活泼金属,其余都是不活泼金属,难和酸作用,不易形成低价金属阳离子。第四周期过渡金属元素的一些重要性质如表 10.1 所示。

过渡金属元素的原子的 5 个 d 轨道具有相同的能量,当与有孤对电子的配位体形成配合物时,d 轨道会发生分裂,不同的配位体形成的配位场或晶体场决定 d 轨道的分裂方式,从而决定配合物的磁性、空间结构以及颜色。

表 10.1　第四周期过渡金属元素的一些重要性质

元素	Sc	Ti	V	Cr	Mn	Fe	Co	Ni	Cu	Zn
原子序数	21	22	23	24	25	26	27	28	29	30
熔点/℃	1539	1675	1890	1890	1204	1535	1495	1453	1083	419
沸点/℃	2727	3260	3380	2482	2077	3000	2900	2732	2595	907
密度/$(g\cdot mL^{-1})$	2.99	4.50	5.96	7.20	7.20	7.86	8.90	8.90	8.92	7.14
电子构型 M	$3d^14s^2$	$3d^24s^2$	$3d^34s^2$	$3d^54s^1$	$3d^54s^2$	$3d^64s^2$	$3d^74s^2$	$3d^84s^2$	$3d^{10}4s^1$	$3d^{10}4s^2$
M^+	$3d^14s^1$	$3d^24s^1$	$3d^44s^0$	$3d^54s^0$	$3d^54s^1$	$3d^64s^1$	$3d^84s^0$	$3d^94s^0$	$3d^{10}4s^0$	$3d^{10}4s^1$
M^{2+}	$3d^1$	$3d^2$	$3d^3$	$3d^4$	$3d^5$	$3d^6$	$3d^7$	$3d^8$	$3d^9$	$3d^{10}$
M^{3+}	[Ar]	$3d^1$	$3d^2$	$3d^3$	$3d^4$	$3d^5$	$3d^6$	$3d^7$	$3d^8$	$3d^9$
气态原子化 ΔH /$(kJ\cdot mol^{-1})$	326	473	515	397	281	416	425	430	339	126
第一电离能/$(kJ\cdot mol^{-1})$	631	656	650	653	717	762	758	736	745	906

续表

元素	Sc	Ti	V	Cr	Mn	Fe	Co	Ni	Cu	Zn
第二电离能/($kJ\cdot mol^{-1}$)	1235	1309	1414	1592	1509	1561	1644	1752	1958	1734
第三电离能/($kJ\cdot mol^{-1}$)	2393	2657	2833	2990	3260	2962	3243	3402	3556	3837
$E^{\ominus}_{M^{2+}/M}$/V			−1.18	−0.90	−1.18	−0.44	−0.28	−0.25	0.34	−0.76
$E^{\ominus}_{M^{3+}/M^{2+}}$/V			−0.26	−0.41	1.51	0.77	1.97			
r/Å M	1.64	1.47	1.35	1.29	1.37	1.26	1.25	1.25	1.28	1.37
M^{2+}			0.79	0.82	0.82	0.77	0.74	0.70	0.73	0.75
M^{3+}	0.73	0.67	0.64	0.62	0.65	0.65	0.61	0.60		

（二）习题及解答

10-1 完成并配平下列反应方程式

(1) $KMnO_4 + H_2O_2 + H_2SO_4 \longrightarrow$

(2) $KMnO_4 + FeSO_4 + H_2SO_4 \longrightarrow$

(3) $K_2Cr_2O_7 + FeSO_4 + H_2SO_4 \longrightarrow$

(4) $Co(OH)_3 + HCl \longrightarrow$

(5) $FeCl_3 + Fe \longrightarrow$

(6) $V_2O_5 + NaOH \longrightarrow$

(7) $MnO_4^- + Cr^{3+} + H_2O \longrightarrow$

(8) $MnSO_4 + O_2 + NaOH \longrightarrow$

(9) $MnO(OH)_2 + KI + H_2SO_4 \longrightarrow$

(10) $KMnO_4 + MnSO_4 + H_2O \longrightarrow$

(11) $FeCl_3 + SnCl_2 \longrightarrow$

(12) $[Co(NH_3)_6]^{2+} + O_2 + H_2O \longrightarrow$

(13) $TiO^{2+} + H_2O_2 \longrightarrow$

(14) $[Cr(OH)_4]^- + Cl_2 + OH^- \longrightarrow$

(15) $K_2Cr_2O_7 + H_2O_2 + H_2SO_4 \longrightarrow$

解：

(1) $2KMnO_4 + 5H_2O_2 + 3H_2SO_4 = K_2SO_4 + 2MnSO_4 + 5O_2 + 8H_2O$

(2) $2KMnO_4 + 10FeSO_4 + 8H_2SO_4 = K_2SO_4 + 2MnSO_4 + 5Fe_2(SO_4)_3 + 8H_2O$

(3) $K_2Cr_2O_7 + 6FeSO_4 + 7H_2SO_4 = K_2SO_4 + Cr_2(SO_4)_3 + 3Fe_2(SO_4)_3 + 7H_2O$

(4) $2Co(OH)_3 + 6HCl = 2CoCl_2 + Cl_2 + 6H_2O$

(5) $2FeCl_3 + Fe = 3FeCl_2$

(6) $V_2O_5 + 6NaOH = 2Na_3VO_4 + 3H_2O$

(7) $6MnO_4^- + 10Cr^{3+} + 11H_2O = 6Mn^{2+} + 5Cr_2O_7^{2-} + 22H^+$

(8) $2MnSO_4 + O_2 + 4NaOH = 2MnO_2 + 2Na_2SO_4 + 2H_2O$

(9) $MnO(OH)_2 + 2KI + 2H_2SO_4 = K_2SO_4 + MnSO_4 + I_2 + 3H_2O$

(10) $2KMnO_4 + 3MnSO_4 + 2H_2O = 5MnO_2 + K_2SO_4 + 2H_2SO_4$

(11) $2FeCl_3 + SnCl_2 = 2FeCl_2 + SnCl_4$

(12) $4[Co(NH_3)_6]^{2+} + O_2 + 2H_2O = 4[Co(NH_3)_6]^{3+} + 4OH^-$

(13) $TiO^{2+} + H_2O_2 = Ti(O_2)^{2+} + H_2O$

(14) $2[Cr(OH)_4]^- + 3Cl_2 + 8OH^- = 2CrO_4^{2-} + 6Cl^- + 8H_2O$

(15) $K_2Cr_2O_7 + 3H_2O_2 + 4H_2SO_4 = K_2SO_4 + Cr_2(SO_4)_3 + 3O_2 + 7H_2O$

10-2 为什么 $TiCl_4$ 在空气中冒烟？写出反应方程式。

解： $TiCl_4$ 和空气中的水气发生水解反应生成 HCl 气体

$$TiCl_4 + 3H_2O(g) = H_2TiO_3 + 4HCl(g)$$

10-3 写出钒的三种同多酸的化学式。在酸性介质中锌和钒(Ⅴ)作用得到什么产物？

解： 钒的三种同多酸根为：二钒酸根 $V_2O_7^{4-}$，四钒酸根 $H_2[V_4O_{13}]^{4-}$，五钒酸根 $H_4[V_5O_{16}]^{3-}$。在酸性介质中钒(Ⅴ)被锌还原为钒(Ⅲ)。

$$VO_2^+ + Zn + 4H^+ = V^{3+} + Zn^{2+} + 2H_2O$$

10-4 写出在不同介质中，钒(Ⅴ)和过氧化氢反应的方程式。

解： 在酸性介质中

$$VO_2^+ + 2H_2O_2 = V(O_2)_2^+ + 2H_2O$$

在碱性介质中

$$VO_4^{3-} + 4H_2O_2 = V(O_2)_4^{3-} + 4H_2O$$

10-5 写出生成钼磷酸铵的反应方程式。

解： $H_3PO_4 + 12(NH_4)_2MoO_4 + 21HNO_3 = (NH_4)_3PO_4 \cdot 12MoO_3 + 21NH_4NO_3 + 12H_2O$

10-6 为什么常用 $KMnO_4$ 和 $K_2Cr_2O_7$ 作试剂而很少用相应的钠盐 $NaMnO_4$ 和 $Na_2Cr_2O_7$ 作试剂？

解： $NaMnO_4$ 和 $Na_2Cr_2O_7$ 一般含有结晶水，组成不固定、易潮解，不如相应钾盐稳定、纯度高。

10-7 写出以软锰矿为原料制备高锰酸钾的各步反应的方程式。

解： 在强碱性介质中，$KClO_3$ 可把软锰矿中作为建筑主要成分的 MnO_2 氧化

为 K_2MnO_4

$$3MnO_2 + KClO_3 + 6KOH = 3K_2MnO_4 + KCl + 3H_2O$$

在弱碱性或酸性介质中，K_2MnO_4 又会歧化成 $KMnO_4$ 和 MnO_2

$$3K_2MnO_4 + 2CO_2 = 2KMnO_4 + MnO_2 + 2K_2CO_3$$

10-8 试用实验事实说明 $KMnO_4$ 的氧化能力比 $K_2Cr_2O_7$ 强，写出有关反应方程式。

解： 用浓盐酸和固体 $KMnO_4$ 反应可以制备氯气，而用 $K_2Cr_2O_7$ 不能氧化 Cl^- 为 Cl_2。

$$2MnO_4^- + 10Cl^- + 16H^+ = 2Mn^{2+} + 5Cl_2 + 8H_2O$$

$$Cr_2O_7^{2-} + 4Cl^- + 6H^+ = 2CrO_2Cl_2 + 3H_2O$$

$$CrO_2Cl_2 + 4OH^- = CrO_4^{2-} + 2Cl^- + 2H_2O$$

10-9 举出三种能将 Mn(Ⅱ)直接氧化成 Mn(Ⅶ)的氧化剂。写出有关反应的条件和方程式。

解： (1) $K_2S_2O_8$($AgNO_3$ 作催化剂)

$$5S_2O_8^{2-} + 2Mn^{2+} + 8H_2O = 10SO_4^{2-} + 2MnO_4^- + 16H^+$$

(2) $NaBiO_3$

$$5NaBiO_3 + 2Mn^{2+} + 14H^+ = 2MnO_4^- + 5Na^+ + 5Bi^{3+} + 7H_2O$$

(3) PbO_2(加热)

$$5PbO_2 + 2Mn^{2+} + 5SO_4^{2-} + 4H^+ = 2MnO_4^- + 5PbSO_4 + 2H_2O$$

10-10 化学试剂厂用电解锰为原料制备 Mn(Ⅱ)盐的过程中要保持锰过量。为什么？若用金属铬作原料制备 Cr(Ⅲ)试剂也保持铬过量，将有什么现象发生？

解：

$$Mn^{2+} + 2e = Mn \qquad E^\ominus = -1.185V$$

$$Fe^{2+} + 2e = Fe \qquad E^\ominus = -0.447V$$

$$Zn^{2+} + 2e = Zn \qquad E^\ominus = -0.7618V$$

由以上电极电势可知，Mn 的还原性较 Fe，Zn 等金属强。过量 Mn 可抑制电解锰中这些金属同时被氧化，以保证产品的纯度。

例如： $Mn + Fe^{2+} = Mn^{2+} + Fe \quad E^\ominus_{电池} = -0.447-(-1.185)=0.738(V)$

若用金属铬作原料制备 Cr(Ⅲ)试剂也保持铬过量，则因为有以下反应发生而减少 Cr(Ⅲ)的产量。

$$Cr + 2Cr^{3+} = 3Cr^{2+} \qquad E^\ominus_{电池} = -0.4-(-0.86)=0.46(V)$$

10-11 如何用铁和硝酸制备硝酸铁和硝酸亚铁？应该控制什么条件？

解： (1) 用 Fe 和 HNO_3 制备 $Fe(NO_3)_3$ 需要用浓度大的 HNO_3，加强氧化性。

$$Fe + 6HNO_3(浓) = Fe(NO_3)_3 + 3NO_2 + 3H_2O$$

(2) 用 Fe 和 HNO_3 制备 $Fe(NO_3)_2$ 需要用浓度小的 HNO_3，并且 Fe 要过量，

抑制 Fe^{2+} 被氧化成 Fe^{3+}。

$$Fe + 2HNO_3 = Fe(NO_3)_2 + H_2$$

10-12　进行热分解 MnC_2O_4 实验,可得到什么产物?

解:

$$MnC_2O_4 \xrightarrow{\triangle} MnO + CO + CO_2$$

$$3MnC_2O_4 + O_2 \xrightarrow{高温} MnO_2(MnO)_2 + 2CO + 4CO_2$$

10-13　工业上用 $FeSO_4$ 热分解制备氧化铁(Fe_3O_2)粉,写出反应方程式。

解: $2FeSO_4 = Fe_2O_3 + SO_2 + SO_3$

10-14　完成下列反应式:

(1) $V^{2+} + CuSO_4 \longrightarrow$

(2) $VO_2{}^{+} + Fe^{2+} \longrightarrow$

(3) $TiO_2 + KOH \longrightarrow$

(4) $V_2O_5 + NaOH \longrightarrow$

(5) $V_2O_5 + HCl \longrightarrow$

解: (1) $V^{2+} + CuSO_4 + H_2O = Cu + VOSO_4 + 2H^{+}$

(2) $VO_2{}^{+} + Fe^{2+} + 2H^{+} = VO^{2+} + Fe^{3+} + H_2O$

(3) $TiO_2 + 2KOH = K_2TiO_3 + H_2O$

(4) $V_2O_5 + 6NaOH = 2Na_3VO_4 + 3H_2O$

(5) $V_2O_5 + 6HCl = 2VOCl_2 + Cl_2 + 3H_2O$

10-15　如何实现 Cr(Ⅵ)和 Cr(Ⅲ)之间的相互转化?写出有关反应方程式。

解: 在酸性介质中 Cr(Ⅵ)以 $Cr_2O_7^{2-}$ 形式存在,具有强氧化性,可用一般还原剂还原得到 Cr^{3+}。Cr(Ⅵ)→Cr(Ⅲ)

$$Cr_2O_7^{2-} + 14H^{+} + 6e = 2Cr^{3+} + 7H_2O \qquad E^{\ominus} = 1.33V$$

$$+)\qquad 2I^{-} = I_2 + 2e \qquad E^{\ominus} = 0.535V$$

$$Cr_2O_7^{2-} + 6I^{-} + 14H^{+} = 2Cr^{3+} + 3I_2 + 7H_2O \qquad E^{\ominus}_{电池} = 1.33 - 0.535 = 0.79V$$

在碱性介质中 Cr(Ⅲ)有较强的还原性 Cr(Ⅲ)→Cr(Ⅵ)

$$[Cr(OH)_4]^{-} + 4OH^{-} = CrO_4^{2-} + 4H_2O + 3e \qquad E^{\ominus} = -0.12V$$

$$+)\qquad Br_2 + 2e = 2Br^{-} \qquad E^{\ominus} = 1.08V$$

$$2[Cr(OH)_4]^{2-} + 3Br_2 + 8OH^{-} = 2CrO_4^{2-} + 6Br^{-} + 8H_2O \qquad E^{\ominus}_{电池} = 1.08 - (-0.12) = 1.20V$$

10-16　根据溶解度 S 和 pH 的相关图说明为什么加热 $Cr(OH)_4^{-}$ 溶液能析出 $Cr(OH)_3$ 沉淀?而加热 $Cr_2(SO_4)_3$ 溶液也能析出 $Cr(OH)_3$ 沉淀?

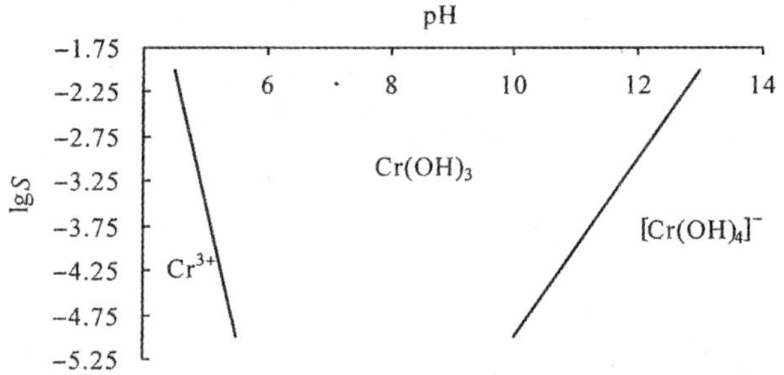

解: 由以上 *S*-pH 图可知,在溶液的 pH 为 6～10 范围内,Cr(Ⅲ)主要以 $Cr(OH)_3$ 沉淀存在,并且随溶解度增加,$Cr(OH)_3$ 存在的 pH 范围增大。

$$Cr^{3+} + 3H_2O = Cr(OH)_3 + 3H^+$$

$$Cr(OH)_4^- = Cr(OH)_3 + OH^-$$

所以加热$[Cr(OH)_4]^-$溶液和 $Cr_2(SO_4)_3$ 溶液都能水解析出 $Cr(OH)_3$ 沉淀。

10-17 用反应方程式表示 $KMnO_4$ 在碱性介质中的分解反应以及 K_2MnO_4 在弱碱性(中性或酸性)介质中的自氧化还原反应。

解: $KMnO_4$ 在碱性介质中的分解反应

$$4KMnO_4 + 4KOH = 4K_2MnO_4 + O_2 + 2H_2O$$

K_2MnO_4 的歧化反应

$$3K_2MnO_4 + 2H_2O = 2KMnO_4 + MnO_2 + 4KOH$$

10-18 在配制的 $FeSO_4$ 溶液中常加一些金属铁。问:(1) 加铁起什么作用?(2) 放置过程中,且在金属铁未消耗完之前,如溶液中$[Fe^{2+}] = 0.1mol \cdot L^{-1}$,则$[Fe^{3+}]$是多少?(3) 经长时间放置,$FeSO_4$ 溶液会出现 $Fe(OH)_3$ 沉淀,为什么?

解: Fe^{2+}易被空气中的 O_2 氧化

$$4Fe^{2+} + O_2 + 4H^+ = 4Fe^{3+} + 2H_2O \qquad E^{\ominus}_{电池} = 1.229 - 0.771 = 0.458(V)$$

$$4Fe(OH)_2 + O_2 + 2H_2O = 4Fe(OH)_3 \qquad E^{\ominus}_{电池} = 0.401 - (-0.56) = 0.961(V)$$

(1) 加入金属铁可以抑制 Fe^{2+}的氧化

$$2Fe^{3+} + Fe = 3Fe^{2+} \qquad E^{\ominus}_{电池} = 0.771 - (-0.447) = 1.218(V)$$

(2) 放置过程中,以上反应达到平衡,有

$$E^{\ominus}_{电池} = (1/n) \times 0.059 \lg K = 1.218$$

$$\lg K = 1.218 \times 2 \times (1/0.059) = 41.29$$

$$K = 2.6 \times 10^{41}$$

$$[Fe^{2+}]^3/[Fe^{3+}]^2 = K = 2.6 \times 10^{41}$$

如溶液中$[Fe^{2+}] = 0.1\ mol \cdot L^{-1}$,则

$$[Fe^{3+}] = \left(\frac{0.1^3}{2.6 \times 10^{41}}\right)^{\frac{1}{2}} = 6.2 \times 10^{-23}(mol \cdot L^{-1})$$

(3) 根据 $Fe(OH)_3$ 的溶度积常数

$$[Fe^{3+}][OH^-]^3 = 2.64\times10^{-39}$$

若溶液的 pH=7,则$[OH^-]=10^{-7}mol\cdot L^{-1}$。当$[Fe^{3+}]=2.64\times10^{-39}/(10^{-7})^3=2.64\times10^{-18}(mol\cdot L^{-1})$时即可生成 $Fe(OH)_3$ 沉淀。

所以长期放置的 Fe^{2+} 溶液易生成 $Fe(OH)_3$ 沉淀。由以上讨论可知,除加入金属铁外,保持溶液为酸性也是必要的。

10-19 有人作了下列实验,请用计算结果说明实验现象。(1)将 0.01 $mol\cdot L^{-1}$的 $FeCl_3$ 溶液和等体积 $0.01mol\cdot L^{-1}$的 KI 溶液混合。再加入一些 CCl_4,振荡后 CCl_4 层显紫色。(2)往以上溶液中加足量的 $NH_4F(1mol\cdot L^{-1})$,CCl_4 层的紫色变浅。(3)往 10mL $0.05mol\cdot L^{-1}$ $FeSO_4$ 溶液中加 5mL $0.01mol\cdot L^{-1}$ $FeCl_3$,5mL $0.01mol\cdot L^{-1}$ KI 和少量 CCl_4,振荡后,CCl_4 层显很浅的紫色。(4)用 H_2O_2 代替 $FeCl_3$ 进行(1),(3)实验,观察到这两个实验中,CCl_4 层出现的颜色都很明显。

解:(1) $Fe^{3+}+e \xlongequal{} Fe^{2+}$ $\quad E^\ominus=0.771V$

$I_2+2e \xlongequal{} 2I^-$ $\quad E^\ominus=0.536V$

$Fe^{3+}+I^- \xlongequal{} Fe^{2+}+1/2I_2$ $\quad E^\ominus_{电池}=0.771-0.536=0.235V$

$$\lg K=\frac{0.235}{0.059}=3.98$$

$$K=9.55\times10^3=\frac{[Fe^{2+}]}{[Fe^{3+}][I^-]}$$

$$Fe^{3+} + I^- \xlongequal{} Fe^{2+} + \frac{1}{2}I_2$$

平衡时 $\quad x \quad x \quad 0.005-x$

$$\frac{0.005-x}{x^2}\approx\frac{0.005}{x^2}=9.55\times10^3$$

$$[I^-]=[Fe^{3+}]=x=\left(\frac{0.005}{9.55\times10^3}\right)^{1/2}=7.2\times10^{-4}(mol\cdot L^{-1})$$

I^-离子基本转变成 I_2。

因为 $[I_2]_{CCl_4}:[I_2]_{H_2O}=85:1$,$I_2$ 被萃取到 CCl_4 中,所以 CCl_4 层呈紫色。

(2) $2Fe^{3+}+6F^- \xlongequal{} 2FeF_3$ $\quad K_1=K_{稳}=1.13\times10^{12}$

−) $2Fe^{3+}+2I^- \xlongequal{} 2Fe^{2+}+I_2$ $\quad K_2=9.2\times10^7$

$2Fe^{2+}+I_2+6F^- \xlongequal{} 2FeF_3+2I^-$

$$K=\frac{K_1}{K_2}=\frac{1.13\times10^{12}}{9.2\times10^7}=1.1\times10^4$$

I_2 转化成 I^-,所以 CCl_4 层颜色变浅。

(3)
$$Fe^{3+} + I^- = Fe^{2+} + \frac{1}{2}I_2$$
平衡时　　x　　x　　0.25

$$[I^-] = [Fe^{3+}] = x = \left(\frac{0.025}{9.55 \times 10^3}\right)^{1/2} = 1.6 \times 10^{-3}(mol \cdot L^{-1})$$

由于加入了 Fe^{2+} 浓度较高,使以上平衡向左移动,I_2 部分转化 I^-,故 CCl_4 层颜色变浅。

(4)
$$H_2O_2 + 2H^+ + 2e = 2H_2O \qquad E^\ominus = 1.776V$$
$$-)\qquad I_2 + 2e = 2I^- \qquad E^\ominus = 0.536V$$

$$H_2O_2 + 2I^- + 2H^+ = 2H_2O + I_2 \qquad E^\ominus_{电池} = 1.776 - 0.536 = 1.240V$$

$$\lg K = \frac{2 \times 1.240}{0.059} = 42.03$$

$$K = 1.1 \times 10^{42}$$

反应进行得很完全,产物 I_2 较多。

10-20　用计算说明怎么才能把以下实验做好:往 $FeCl_3$ 溶液中加 NH_4SCN,显血红色。接着加适量的 NH_4F,血红色褪去。再加适量固体 $Na_2C_2O_4$,溶液变为黄绿色。最后加入等体积的 $2mol \cdot L^{-1}$ NaOH 溶液,生成红棕色沉淀。

解:　$Fe^{3+} + 3SCN^- = Fe(SCN)_3$(血红色)　$K_1 = K_{稳[Fe(SCN)_3]} = 4.4 \times 10^5$

$Fe^{3+} + 3F^- = FeF_3$　　$K_{稳(FeF_3)} = 1.13 \times 10^{12}$

$Fe^{3+} + 3C_2O_4^{2-} = [Fe(C_2O_4)_3]^{3-}$　　$K_{稳[Fe(C_2O_4)_3^{3-}]} = 2 \times 10^{20}$

$Fe^{3+} + 3OH^- = Fe(OH)_3$　$K = 1/K_{sp} = 1/(2.64 \times 10^{-39}) = 3.79 \times 10^{38}$

根据络合反应的稳定常数顺序,稳定常数小的络离子可以向稳定常数大的络离子转化。

$$3F^- + Fe(SCN)_3 = FeF_3(无色) + 3SCN^-$$

$$K_2 = K_{稳(FeF_3)}/K_{稳[Fe(SCN)_3]} = 2.6 \times 10^6$$

$$3C_2O_4^{2-} + FeF_3 = [Fe(C_2O_4)_3]^{3-}(黄绿色) + 3F^-$$

$$K_3 = K_{稳[Fe(C_2O_4)_3^{3-}]}/K_{稳[Fe(SCN)_3]} = 1.8 \times 10^8$$

$$3OH^- + [Fe(C_2O_4)_3]^{3-} = Fe(OH)_3(红棕色) + 3C_2O_4^{2-}$$

$$K_4 = K_{sp[Fe(OH)_3]}/K_{稳[Fe(C_2O_4)_3^{3-}]} = 1.89 \times 10^8$$

计算结果表明 $K_4 > K_3 > K_2 > K_1 > 10^5$,所以可以按以上顺序完成各步转化反应。

10-21 Fe^{3+}能氧化I^-，但$[Fe(CN)_6]^{3-}$不能氧化I^-，由此推断$[Fe(CN)_6]^{3-}$和$[Fe(CN)_6]^{4-}$的稳定常数β值哪一个大？两者最少要差几个数量级？（不考虑动力学因素）

解：Fe^{3+}能氧化I^-，即有

$$2Fe^{3+}+2I^- = I_2+2Fe^{2+} \quad E^\ominus_{电池}=E^\ominus_{Fe^{3+}/Fe^{2+}}-E^\ominus_{I_2/I^-}=0.771-0.536=0.235(V)$$

$[Fe(CN)_6]^{3-}$不能氧化I^-，即

$$2[Fe(CN)_6]^{3-}+2I^- = I_2+[Fe(CN)_6]^{4-} \quad E^\ominus_{电池}=E^\ominus_{[Fe(CN)_6]^{3-}/[Fe(CN)_6]^{4-}}-0.536<0$$

所以

$$\begin{array}{rl} & 2Fe^{3+}+2I^- = I_2+2Fe^{2+} \\ -) & 2[Fe(CN)_6]^{3-}+2I^- = I_2+[Fe(CN)_6]^{4-} \\ \hline & 2Fe^{3+}+2[Fe(CN)_6]^{4-} = 2Fe^{2+}+2[Fe(CN)_6]^{3-} \quad E^\ominus_{电池}>0.235-0=0.235(V) \end{array}$$

$$\lg K>\frac{2\times 0.235}{0.059}$$

或

$$Fe^{3+}+[Fe(CN)_6]^{4-} = 2Fe^{2+}+[Fe(CN)_6]^{3-}$$

$$\lg K>\frac{0.235}{0.059}=3.983$$

又因为

$$\begin{array}{rll} & Fe^{3+}+6CN^- = [Fe(CN)_6]^{3-} & \beta_1 \\ -) & Fe^{2+}+6CN^- = [Fe(CN)_6]^{4-} & \beta_2 \\ \hline & Fe^{3+}+[Fe(CN)_6]^{4-} = Fe^{2+}+[Fe(CN)_6]^{3-} & \lg K=\lg(\beta_1/\beta_2)>3.989 \end{array}$$

所以 $$\beta_1/\beta_2>9.6\times 10^3$$

10-22 Co^{3+}能氧化Cl^-，但$[Co(NH_3)_6]^{3+}$却不能，由此推断$[Co(NH_3)_6]^{3+}$和$[Co(NH_3)_6]^{2+}$的稳定常数β哪一个大？

解：Co^{3+}能氧化Cl^-，即有

$$Co^{3+}+Cl^- = \frac{1}{2}Cl_2+Co^{2+} \qquad E^\ominus_{电池}=E^\ominus_{Co^{3+}/Co^{2+}}-E^\ominus_{Cl_2/Cl^-}>0$$

$[Co(NH_3)_6]^{3+}$不能氧化Cl^-，即

$$[Co(NH_3)_6]^{3+}+Cl^- = \frac{1}{2}Cl_2+[Co(NH_3)_6]^{2+}$$

$$E^\ominus_{电池}=E^\ominus_{[Co(NH_3)_6]^{3+}/[Co(NH_3)_6]^{2+}}-E^\ominus_{Cl_2/Cl^-}<0$$

所以 $$E^\ominus_{[Co(NH_3)_6]^{3+}/[Co(NH_3)_6]^{2+}}-E^\ominus_{Co^{3+}/Co^{2+}}<0$$

$$Co^{3+} + e \xlongequal{} Co^{2+}$$

$$-)\quad [Co(NH_3)_6]^{3+} + e \xlongequal{} [Co(NH_3)_6]^{2+}$$

$$Co^{3+} + [Co(NH_3)_6]^{2+} \xlongequal{} Co^{2+} + [Co(NH_3)_6]^{3+}$$

$$E^{\ominus}_{电池} = E^{\ominus}_{Co^{3+}/Co^{2+}} - E^{\ominus}_{[Co(NH_3)_6]^{3+}/[Co(NH_3)_6]^{2+}} > 0$$

$$K = \frac{[Co^{2+}][Co(NH_3)^{3+}]}{[Co^{3+}][Co(NH_3)^{2+}]} = \frac{[Co(NH_3)^{3+}]}{[Co^{3+}][NH_3]^6} \times \frac{[Co^{2+}][NH_3]^6}{[Co(NH_3)^{2+}]}$$

$$= \beta_{[Co(NH_3)_6]^{3+}} / \beta_{[Co(NH_3)_6]^{2+}}$$

因为

$$\lg(\beta_{[Co(NH_3)_6]^{3+}} / \beta_{[Co(NH_3)_6]^{2+}}) = (2/0.059)(E^{\ominus}_{Co^{3+}/Co^{2+}} - E^{\ominus}_{[Co(NH_3)_6]^{3+}/[Co(NH_3)_6]^{2+}}) > 0$$

所以

$$\beta_{[Co(NH_3)_6]^{3+}} / \beta_{[Co(NH_3)_6]^{2+}} > 1 \quad 或 \quad \beta_{[Co(NH_3)_6]^{3+}} > \beta_{[Co(NH_3)_6]^{2+}}$$

10-23　实验测得 $K_4[Fe(CN)_6]$和$[Co(NH_3)_6]Cl_3$ 具有反磁性，请推断这两个配合物中心离子以何种杂化轨道与配位体成键？

解： $K_4[Fe(CN)_6]$的中心离子为 Fe^{2+}，$[Co(NH_3)_6]Cl_3$ 的中心离子为 Co^{3+}，两种离子具有相同的电子构型

(1) 中心离子 Fe^{2+}，Co^{3+} 的电子构型为 $3d^6 4s^0 4p^0$

(2) 形成络合物时是 d^2sp^3杂化

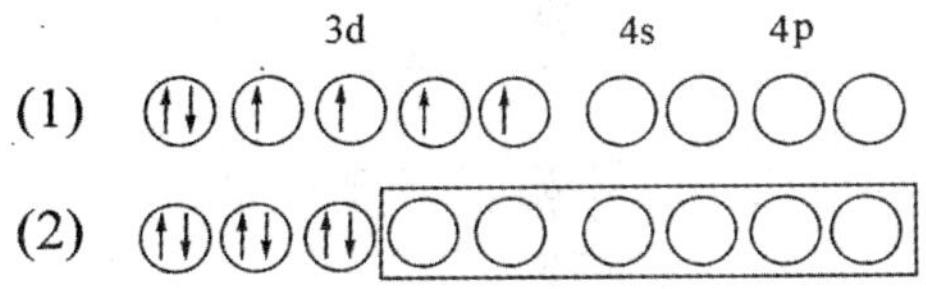

$K_4[Fe(CN)_6]$和$[Co(NH_3)_6]Cl_3$ 具有反磁性，说明形成络合物后没有不成对电子，所以这两个配合物中心离子是以 d^2sp^3杂化轨道与配位体成键。

10-24　相应于化学式为 $PtCl_2(NH_3)_2$ 的固体有两种，一种是硫黄色，另一种是绿黄色固体。请推断它们的中心体(Pt)以何种杂化轨道和配位体成键？它们应取何种几何构型？

解：(1) 中心离子 Pt^{2+} 的外层电子构型为 $5d^8 6s^0 6p^0$

(2) 形成络合物时是 dsp^2杂化

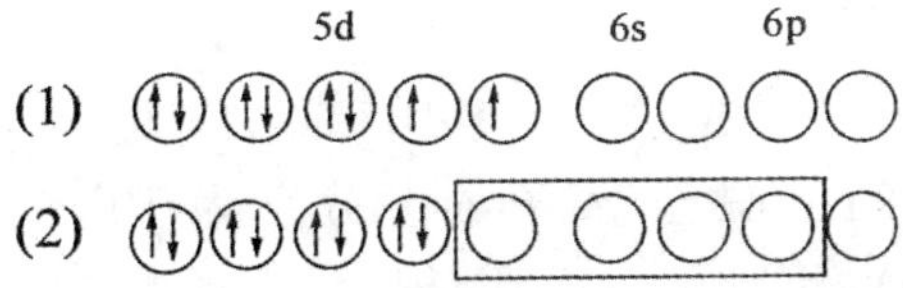

$PtCl_2(NH_3)_2$ 的几何构型为平面正方形，有顺式和反式两种异构体。

反式	硫黄色	顺式	黄绿色
$\begin{array}{c}H_3N\quad Cl\\ \diagdown\;\;\diagup\\ Pt\\ \diagup\;\;\diagdown\\ Cl\quad NH_3\end{array}$	溶解度 $0.0366g\cdot(100gH_2O)^{-1}$ 偶极矩为 0	$\begin{array}{c}NH_3\quad Cl\\ \diagdown\;\;\diagup\\ Pt\\ \diagup\;\;\diagdown\\ H_3N\quad Cl\end{array}$	黄绿色 溶解度 $0.2577g\cdot(100gH_2O)^{-1}$ 偶极矩不为 0

10-25 在系统定性分析中,如何分离鉴定硫化铵组阳离子?

解:

```
                        硫化铵组(3组)
              Fe³⁺ Co²⁺ Ni²⁺ Al³⁺ Cr₂O₇²⁻ Zn²⁺
                         │ H₂O₂ + NaOH
         ┌───────────────┴───────────────┐
   Fe(OH)₃ Co(OH)₂ Ni(OH)₂        [Al(OH)₄]⁻ CrO₄²⁻ [Zn(OH)₄]⁻
   (红棕色) (棕色)  (绿色)          (无色)   (黄色)   (无色)
                                          │ 12mol·L⁻¹HCl
                                          │ NH₄Cl(s)
                                      Al³⁺ Cr₂O₇²⁻ Zn²⁺
                                          │ 15mol·L⁻¹NH₃
                          ┌───────────────┴───────────────┐
                      Al(OH)₃                     CrO₄²⁻ [Zn(NH₃)₄]²⁺
                          │ 0.1%铝试剂                (黄色)   (无色)
                      Al(OH)₃                          │ 0.5mol·L⁻¹Ba(NO₃)₂
                      (红色)               ┌───────────┴───────────┐
                                      BaCrO₄(黄色)           Zn(NH₃)₄²⁺
                                          │ 6mol·L⁻¹HNO₃     │
                                      Cr₂O₇²⁻(橙色)    ┌─────┤ H₂S(aq)    6mol·L⁻¹HCl
                                          │ 6mol·L⁻¹NaOH    │               │
                                      BaCrO₄(黄色)     ZnS(白色)     K₂Zn₃[Fe(CN)₆]₂
                                          │ 3mol·L⁻¹HNO₃   │ 12mol·L⁻¹HCl   │ 6mol·L⁻¹NaOH
                                          │ 3%H₂O₂          Zn²⁺        K⁺ Zn²⁺ [Fe(CN)₆]⁴⁻
                                      CrO₅(蓝色)                            │ 12mol·L⁻¹HCl
                                                                      K₂Zn₃[Fe(CN)₆]₂
                                                                      (灰白色)
```

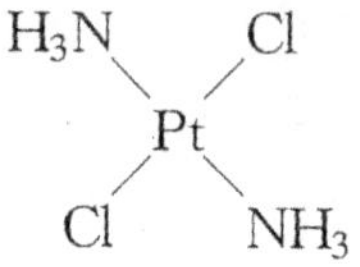

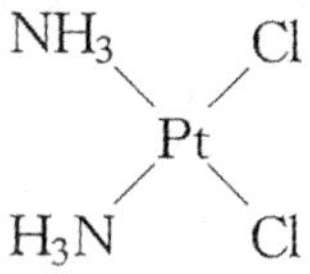

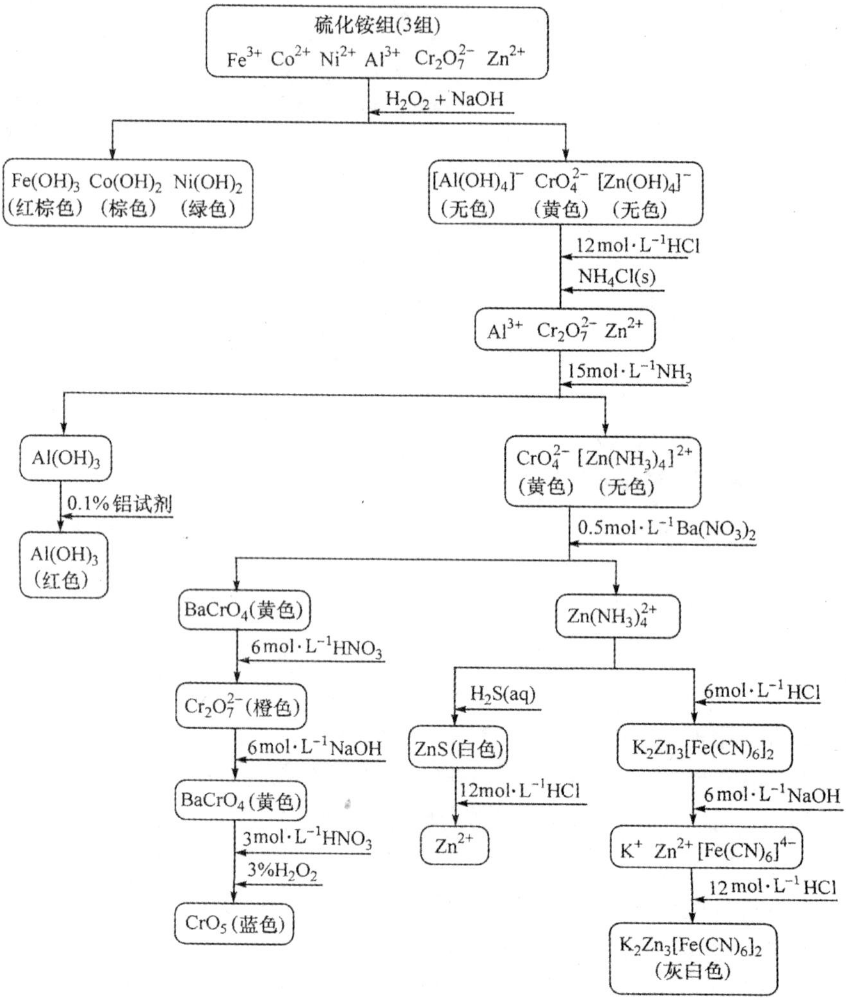

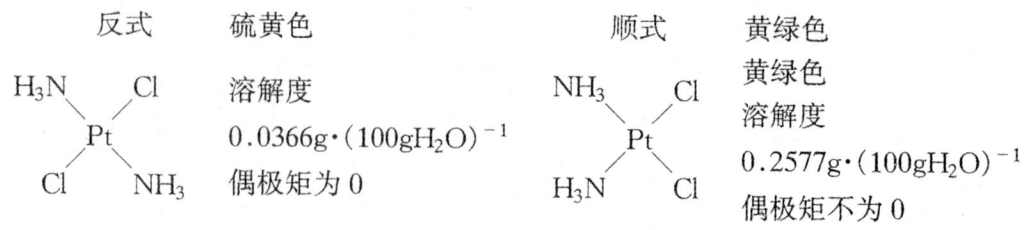

10-26 已知 $Cr(OH)_3$ 碱式电离的溶度积 $K_{sp(b)}=6\times10^{-31}$,酸式电离的溶度积 $K_{sp(a)}=1\times10^{-15}$。计算当 Cr^{3+} 和 $Cr(OH)_4^-$ 离子浓度分别为 $10^{-2},10^{-3},10^{-4},10^{-5} mol\cdot L^{-1}$ 时,开始生成 $Cr(OH)_3$ 沉淀的 pH,用计算结果绘出 $Cr(OH)_3$ 的 S-pH 图。

解: 碱式电离

$$Cr(OH)_3(s) \rightleftharpoons Cr^{3+}(aq) + 3OH^-(aq)$$

$$[Cr^{3+}][OH^-]^3 = [Cr^{3+}] \times \left(\frac{K_w}{[H^+]}\right)^3 = K_{sp(b)} = 6 \times 10^{-31}$$

$$pH = \frac{1}{3}\lg(6 \times 10^{-31}) - \lg 10^{-14} - \frac{1}{3}[Cr^{3+}]$$

$$= 11.2 - \frac{1}{3}[Cr^{3+}]$$

酸式电离

$$Cr(OH)_3(s) + H_2O \rightleftharpoons Cr(OH)_4^-(aq) + H^+(aq)$$

$$[Cr(OH)_4^-][H^+] = 1 \times 10^{-15}$$

$$pH = \lg[Cr(OH)_4^-] - \lg(1 \times 10^{-15})$$

$$pH = 15 + \lg[Cr(OH)_4^-]$$

$[Cr(OH)_4^-]/mol \cdot L^{-1}$	10^{-2}	10^{-3}	10^{-4}	10^{-5}
pH	13	12	11	10
$[Cr^{3+}]/mol \cdot L^{-1}$	10^{-2}	10^{-3}	10^{-4}	10^{-5}
pH	4.4	4.7	5.1	5.4

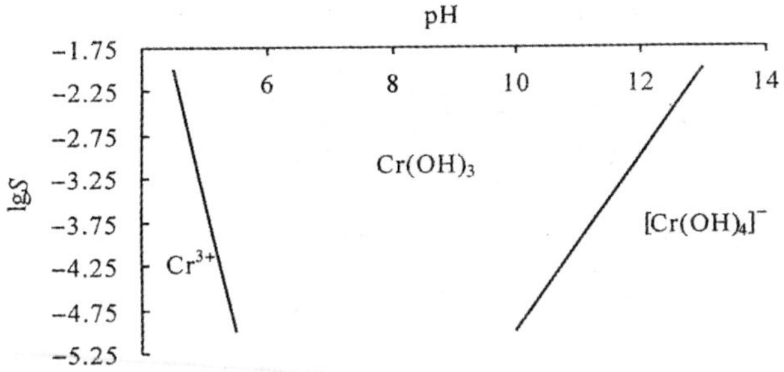

10-27 把 $AgNO_3$ 溶液逐滴加入 Cl^- 和 CrO_4^{2-} 的混合溶液中，若 Cl^- 和 CrO_4^{2-} 的起始浓度都是 $0.1mol \cdot L^{-1}$。问首先析出的是什么沉淀？如将以上 Cl^- 和 CrO_4^{2-} 的混合溶液逐滴加入 $AgNO_3$ 溶液，问析出的是什么沉淀？为什么？

解:

$$AgCl(s) \rightleftharpoons Ag^+(aq) + Cl^-(aq) \qquad K_{sp} = 1.77 \times 10^{-9}$$

$$AgCrO_4(s) \rightleftharpoons 2Ag^+(aq) + CrO_4^{2-}(aq) \qquad K_{sp} = 1.12 \times 10^{-12}$$

$$[Ag^+][Cl^-] = K_{sp}$$

AgCl 开始沉淀时，$[Cl^-] \approx 0.1mol \cdot L^{-1}$

$$[Ag^+] \approx \frac{1.77 \times 10^{-10}}{0.1} = 1.77 \times 10^{-9}(mol \cdot L^{-1})$$

$$[Ag^+]^2[CrO_4^{2-}] = K_{sp}$$

$AgCrO_4$ 开始沉淀时，$[CrO_4^{2-}]\approx 0.1 mol\cdot L^{-1}$

$$[Ag^+] \approx \left(\frac{1.12\times10^{-12}}{0.1}\right)^{\frac{1}{2}} = 3.35\times10^{-6}(mol\cdot L^{-1})$$

计算表明逐滴加入 $AgNO_3$ 到 Cl^- 和 CrO_4^{2-} 的混合溶液中时，因为沉淀 AgCl 所需 Ag^+ 浓度低，所以 AgCl 先沉淀。如将 Cl^- 和 CrO_4^{2-} 的混合溶液逐滴加入 $AgNO_3$ 溶液，则因$[Ag^+]$较大，AgCl 和 $AgCrO_4$ 同时沉淀。

10-28　今有 K_2SO_4 和 K_2CrO_4 混合液，它们的浓度都是 $0.1mol\cdot L^{-1}$，试用沉淀的方法分离 SO_4^{2-} 和 CrO_4^{2-}。

解：$BaSO_4$ 沉淀不溶于酸，$BaCrO_4$ 沉淀溶于酸。可在混合液中加入 HNO_3 和 $Ba(NO_3)_2$，分离沉淀和清液。

10-29　Na_2S 溶液与 $(NH_4)_2MoO_4$ 溶液作用得棕褐色 MoS_4^{2-}（硫代钼酸根）。写出反应方程式。如向此溶液中加酸将发生什么现象？写出反应方程式。

解：

$$MoO_4^{2-} + 4S^{2-} + 4H_2O \longrightarrow MoS_4^{2-} + 8OH^-$$

加酸后生成棕褐色 MoS_3 沉淀

$$MoS_4^{2-} + 2H^+ \longrightarrow MoS_3(s) + H_2S$$

10-30　设法分离下列各组阳离子：

(1) $Fe^{3+}, Cr^{3+}, Al^{3+}$

(2) $Fe^{3+}, Mg^{2+}, Mn^{2+}$

(3) $Sn^{2+}, Zn^{2+}, Fe^{2+}$

解：(1)

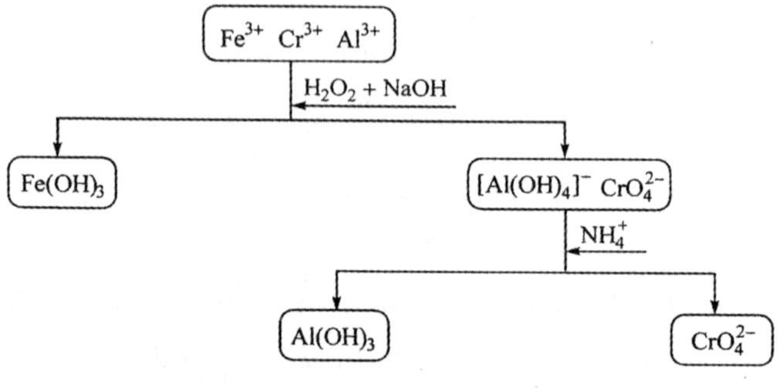

(2)

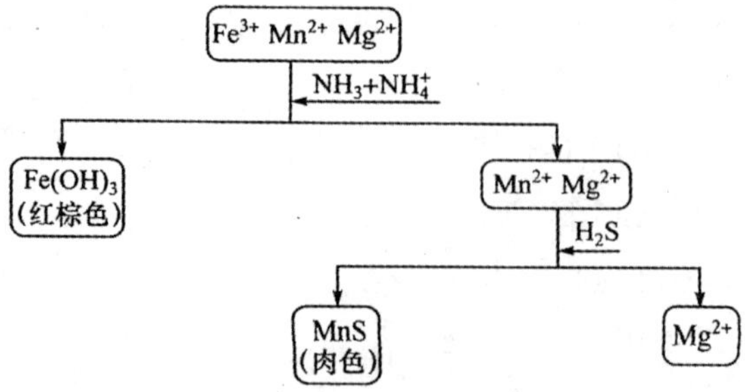

(3)

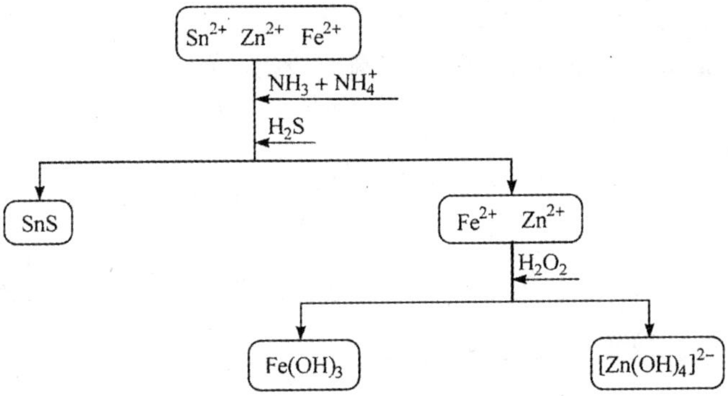

10-31　某溶液中含 Fe^{2+},Mn^{2+},Zn^{2+},浓度都是 $0.1mol\cdot L^{-1}$,分别进行下列实验:(1)加足量 Na_2CO_3 溶液得到沉淀,沉淀是什么颜色? 放置过程沉淀颜色有何变化? 写出有关反应方程式。(2)加足量 $0.5mol\cdot L^{-1}$ $NaHCO_3$ 溶液,能否得到沉淀?

解: (1)加 Na_2CO_3

Na_2CO_3 水溶液的质子得失平衡

$$[H^+]+[HCO_3^-]=[OH^-]$$

$$\frac{K_w}{[OH^-]}+\frac{[CO_3^{2-}]K_w}{K_2[OH^-]}=[OH^-]$$

$$[OH^-]=\left(\frac{K_w[CO_3^{2-}]+K_2}{K_2}\right)^{\frac{1}{2}}\approx\left(\frac{K_w[CO_3^{2-}]}{K_2}\right)^{\frac{1}{2}}$$

若 Na_2CO_3 的浓度为 $1mol\cdot L^{-1}$,$[CO_3^{2-}]\approx 1mol\cdot L^{-1}$,则

$$[OH^-]=\left(\frac{10^{-14}\times 1}{5.6\times 10^{-11}}\right)^{\frac{1}{2}}=1.8\times 10^{-2}(mol\cdot L^{-1})$$

可能发生的反应的平衡常数如下

$$K_{sp[Fe(OH)_2]}=8.0\times 10^{-16}$$

$$K_{sp(FeCO_3)}=3.2\times 10^{-11}$$

$$[Fe^{2+}][OH^-]^2=0.1\times 1.8^2\times(10^{-2})^2=3.2\times 10^{-5}\gg K_{sp[Fe(OH)_2]}=8.0\times 10^{-16}$$

即得到 $Fe(OH)_2$ 白色沉淀,放置后逐渐变成棕色的 $Fe(OH)_3$ 沉淀。

$$4Fe(OH)_2+O_2+2H_2O=\!=\!=4Fe(OH)_3$$

$$E^{\ominus}_{电池}=0.401-(-0.56)=0.961V$$

$$K_{sp[Mn(OH)_2]}=4.0\times 10^{-14}$$

$$K_{sp(MnCO_3)}=7.9\times 10^{-11}$$

$[Mn^{2+}][OH^-]^2=0.1\times1.8^2\times(10^{-2})^2=3.2\times10^{-5}\gg K_{sp[Fe(OH)_2]}=4.0\times10^{-14}$

计算可知，得到 $Mn(OH)_2$ 白色沉淀，放置后逐渐变成褐色的 $Mn(OH)_4$ 沉淀。

$$2Mn(OH)_2+O_2+2H_2O=\!=\!=2Mn(OH)_4$$

$$K_{sp[Zn(OH)_2]}=1.2\times10^{-17}$$

$$K_{sp(ZnCO_3)}=1.4\times10^{-10}$$

$[Zn^{2+}][OH^-]^2=0.1\times1.8^2\times(10^{-2})^2=3.2\times10^{-5}\gg K_{sp[Zn(OH)_2]}=1.2\times10^{-17}$

得到 $Zn(OH)_2$ 白色沉淀，放置后沉淀不变色。

(2) 加 $NaHCO_3$

$$[H^+]=(K_1K_2)^{1/2}=(4.2\times10^{-7}\times5.6\times10^{-11})^{1/2}=4.8\times10^{-9}(mol\cdot L^{-1})$$

$$[OH^-]=\frac{K_w}{[H^+]}=\frac{10^{-14}}{4.8\times10^{-9}}=2.1\times10^{-6}(mol\cdot L^{-1})$$

$$[H^+]+[H_2CO_3]=[CO_3^{2-}]+[OH^-]$$

$$\frac{K_w}{[OH^-]}+\frac{[HCO_3^-]K_w}{K_1[OH^-]}=[CO_3^{2-}]+[OH^-]$$

$$[CO_3^{2-}]=\frac{K_w}{[OH^-]}\left(1+\frac{[HCO_3^-]}{K_1}\right)-[OH^-]\approx\frac{[HCO_3^-]K_w}{K_1[OH^-]}$$

$$=\frac{0.5\times10^{-14}}{4.2\times10^{-7}\times2.1\times10^{-6}}=5.7\times10^{-3}(mol\cdot L^{-1})$$

$[Fe^{2+}][OH^-]^2=0.1\times2.1^2\times(10^{-6})^2=4.4\times10^{-13}>K_{sp[Fe(OH)_2]}=8.0\times10^{-16}$

$[Fe^{2+}][CO_3^{2-}]=0.1\times5.7\times10^{-3}=5.7\times10^{-4}\gg K_{sp(FeCO_3)}=3.2\times10^{-11}$

比较计算结果，可知应生成 $FeCO_3$。同样

$[Mn^{2+}][OH^-]^2=0.1\times2.1^2\times(10^{-6})^2=4.4\times10^{-13}>K_{sp[Mn(OH)_2]}=4.0\times10^{-14}$

$[Mn^{2+}][CO_3^{2-}]=0.1\times5.7\times10^{-3}=5.7\times10^{-4}\gg K_{sp(MnCO_3)}=7.9\times10^{-11}$

说明应生成 $MnCO_3$。而

$$[Zn^{2+}][OH^-]^2=4.4\times10^{-13}>K_{sp[Zn(OH)_2]}=1.2\times10^{-17}$$

$$[Zn^{2+}][CO_3^{2-}]=5.7\times10^{-4}\gg K_{sp(ZnCO_3)}=1.4\times10^{-10}$$

说明应生成 $Zn_2(OH)_2CO_3$。

所以加 $NaHCO_3$ 后，Fe^{2+}，Mn^{2+}，Zn^{2+} 的混合溶液得到碳酸盐或碱式碳酸盐白色沉淀，放置后沉淀不变色。

10-32　在分离 Fe^{3+}，Co^{2+}，Ni^{2+}，Mn^{2+}，Al^{3+}，Cr^{3+}，Zn^{2+} 时，为什么要加过量的 NaOH，同时还要加 H_2O_2？反应完全后，为什么要使过量的 H_2O_2 完全分解？

解：过量 NaOH 可使两性的 $Al(OH)_3$ 和 $Zn(OH)_2$ 溶解成$[Al(OH)_4]^-$和$[Zn(OH)_2]^{2-}$；在碱性介质中 H_2O_2 的作用是氧化 Cr^{3+} 为 CrO_4^{2-} 进入清液，并氧化 Co^{2+} 为 $Co(OH)_3$ 沉淀；过量的 H_2O_2 如不分解掉，当清液酸化时，会起还原作用，将 CrO_4^{2-} 还原为 Cr^{3+}，影响 Cr^{3+} 的检出。

$$2Cr^{3+} + 3H_2O_2 + 10OH^- = 2CrO_4^{2-} + 8H_2O$$

$$2Co^{2+} + H_2O_2 + 4OH^- = 2Co(OH)_3$$

$$2CrO_4^{2-} + 3H_2O_2 = 2Cr^{3+} + 3O_2 + 6H^+$$

10-33 在使 $Fe(OH)_3$，$Co(OH)_3$，$Ni(OH)_2$，$MnO(OH)_2$ 等沉淀溶解时，除加 H_2SO_4 外，为什么还要加 H_2O_2？为什么要将过量的 H_2O_2 完全分解？

解：酸性介质中 H_2O_2 可将 $Co(OH)_3$ 和 $MnO(OH)_2$ 还原为 Co^{2+} 和 Mn^{2+}，以便后面的检出。过量的 H_2O_2 会和强氧化剂 $NaBiO_3$ 发生反应，影响 Mn^{2+} 的检出。

$$2Co(OH)_3 + H_2O_2 + 4H^+ = 2Co^{2+} + 6H_2O + O_2$$

$$MnO(OH)_2 + H_2O_2 + 2H^+ = Mn^{2+} + 3H_2O + O_2$$

$$BiO_3^- + H_2O_2 + 4H^+ = Bi^{3+} + 3H_2O + O_2$$

10-34 分离$[Al(OH)_4]^-$，CrO_4^{2-}，$[Zn(OH)_4]^{2-}$时，加入 NH_4Cl 的作用是什么？

解：因为 NH_4Cl 是弱酸，可中和部分 OH^-，使得 $Al(OH)_3$ 沉淀，而$Zn(OH)_4^{2-}$可同 NH_3 形成络离子留在清液中，从而实现 Al 和 Cr、Zn 的分离。

$$[Al(OH)_4]^- + NH_4^+ = Al(OH)_3 + NH_3 + H_2O$$

$$[Zn(OH)_4]^{2-} + 4NH_4^+ = [Zn(NH_3)_4]^{2+} + 4H_2O$$

10-35 用 $Pb(Ac)_2$ 溶液检出 Cr(Ⅵ)时，为什么要用 HAc 酸化溶液？

解：若溶液碱性太强，$Pb(OH)_2$ 要沉淀；若酸性太强，$PbCrO_4$ 则会溶解。

$$2PbCrO_4 + 2H^+ = 2Pb^{2+} + Cr_2O_7^{2-} + H_2O$$

所以要用弱酸 HAc 酸化溶液。

10-36 计算(1)Cr^{3+}(aq)和(2)Mn^{2+}(aq)在 pH = 9.00 用 H_2S(aq)处理时的最大浓度。

解：(1) 溶液中的$[OH^-]$

$$pOH = 14.00 - pH = 14.00 - 9.00 = 5.00$$

$$[OH^-] = 10^{-pOH} = 10^{-5.00} = 1.0\times10^{-5}(mol\cdot L^{-1})$$

$$K_{sp} = 6.3\times10^{-31}$$

$$[Cr^{3+}][OH^-]^3 = 6.3\times10^{-31}$$

$$[Cr^{3+}] = \frac{6.3\times10^{-31}}{[OH^-]^3} = \frac{6.3\times10^{-31}}{(1.0\times10^{-5})^3} = 6.3\times10^{-16}(mol\cdot L^{-1})$$

(2) 溶液中的$[H^+]$浓度

$$[H^+]=10^{-pH}=10^{-9.00}=1.0\times10^{-9}(mol\cdot L^{-1})$$

$$[H^+]^2[S^{2-}]=1.1\times10^{-22}=(1.0\times10^{-9})^2[S^{2-}]$$

$$[S^{2-}]=\frac{1.1\times10^{-22}}{(1.0\times10^{-9})^2}=1.1\times10^{-4}(mol\cdot L^{-1})$$

MnS 的溶度积 $K_{sp}=[Mn^{2+}][S^{2-}]=2.5\times10^{-13}$

$$[Mn^{2+}]=\frac{2.5\times10^{-13}}{1.1\times10^{-4}}=2.3\times10^{-9}(mol\cdot L^{-1})$$

10-37 加$NH_3(aq)$到含有$Sc^{3+}(aq)$和$In^{3+}(aq)$的试样中,Sc^{3+}产生沉淀而In^{3+}不沉淀。写出在碱性条件下通入H_2S产生沉淀,加入浓HNO_3后溶解的反应式。

解: $2In^{3+}(aq)+3H_2S(aq)+6NH_3(aq)=\!=\!=In_2S_3(s)+6NH_4^+(aq)$

$$Sc^{3+}(aq)+3NH_3(aq)+3H_2O=\!=\!=Sc(OH)_3(s)+3NH_4^+(aq)$$

$$In_2S_3(s)+2NO_3^-(aq)+8H^+(aq)=\!=\!=2In^{3+}(aq)+3S(s)+2NO(g)+4H_2O$$

$$Sc(OH)_3(s)+3H^+(aq)=\!=\!=Sc^{3+}(aq)+3H_2O$$

10-38 可以用热HNO_3中$KClO_3$氧化近无色的$Mn^{2+}(aq)$为褐色的MnO_2固体的方法初步鉴定$Mn^{2+}(aq)$。查得$Mn^{2+}(aq)$氧化为MnO_2的标准电极电势为1.23V,而$KClO_3$还原为ClO_2的标准电极电势为1.15V,为什么氧化还原反应可以发生?

解: 氧化还原反应为

$$Mn^{2+}(aq)+2ClO_3^-(aq)=\!=\!=MnO_2(s)+2ClO_2(g)$$

$$E_{电池}=E^{\ominus}_{电池}-\frac{0.0592}{2}\lg\frac{p^2_{ClO_2}}{[Mn^{2+}][ClO_3^-]}$$

若用固体$KClO_3$使ClO_3^-浓度为$2mol\cdot L^{-1}$,并且让ClO_2气体不断逸出,使p_{CO_2}为10^{-3}atm,当$[Mn^{2+}]=0.020mol\cdot L^{-1}$时,电池电动势为

$$E_{电池}=(1.15-1.23)-\frac{0.0592}{2}\lg\frac{(10^{-3})^2}{(0.020)(2)^2}$$

$$=-0.08+0.15=0.07(V)$$

所以,在此条件下,反应可以发生。

10-39 在$[OH^-]=2.0mol\cdot L^{-1}$时,$Co^{2+}(aq)$和$Co^{3+}(aq)$的最大浓度是多少?

解: $K_{sp}=[Co^{2+}][OH^-]^2=2.5\times10^{-16}$

$$[Co^{2+}]=\frac{2.5\times10^{-16}}{[OH^-]^2}=\frac{2.5\times10^{-16}}{(2.0)^2}=6.3\times10^{-17}(mol\cdot L^{-1})$$

$$K_{sp}=[Co^{2+}][OH^-]^2=2.5\times10^{-16}$$

$$[Co^{3+}]=\frac{1\times10^{-43}}{[OH^-]^3}=\frac{1\times10^{-43}}{(2.0)^3}=1\times10^{-44}(mol\cdot L^{-1})$$

10-40　一份沉淀物含 0.160mmol $Fe(OH)_3$,0.260mmol $Ni(OH)_2$。用 1mL 12.0mol·L^{-1} HCl 将沉淀溶解后,逐滴加入 15.0mol·L^{-1} NH_3(aq)至中性,再多加 8 滴(20 滴为 1mL)。(1)中和过量的 HCl 需要加多少 mL NH_3(aq)? (2)最后的溶液中 Fe^{3+} 浓度是多少?

解: (1)加入 1mL 12.0 mol·L^{-1} HCl 的 mmol 量

$$1.00mL\times\frac{12.0mmol\ HCl}{1mL}=12.0mmol\ HCl$$

计算将沉淀溶解所需 HCl(aq)的 mmol 量

$$0.160mmol\ Fe(OH)_3\left(\frac{3mmol\ H^+}{1mmol\ Fe(OH)_3}\times\frac{1mmol\ HCl}{1mmol\ H^+}\right)+$$

$$0.260mmol\ Ni(OH)_2\left(\frac{2mmol\ H^+}{1mmol\ Ni(OH)_2}\times\frac{1mmol\ HCl}{1mmol\ H^+}\right)$$

$$=0.480mmol\ HCl+0.520mmol\ HCl$$

$$=1.000mmol\ HCl$$

过量 HCl 的 mmol 量

$$12.0mmol\ HCl-1.000mmol\ HCl=11.0mmol\ HCl$$

中和这些 HCl 所需 NH_3(aq)的体积

$$NH_3(aq)+HCl(aq) = NH_4Cl(aq)$$

$$11.0mmol\ HCl\times\frac{1mmol\ NH_3}{1mmol\ HCl}\times\frac{1mL\ NH_3(aq)}{15.0mmol\ NH_3}=0.733mL\ NH_3(aq)$$

(2) 8 滴(d)过量的 NH_3 与 Ni^{2+} 生成 $Ni(NH_3)_6^{2+}$ 后所剩下的 NH_3

$$\left(8d\times\frac{1mL}{20d}\times\frac{15.0mmol\ NH_3}{1mL}\right)-\left(0.260mmol\ Ni^{2+}\times\frac{6mmol\ NH_3}{1mmol\ Ni^{2+}}\right)$$

$$=6.00mmol\ NH_3-1.56mmol\ NH_3$$

$$=4.44mmol\ NH_3$$

溶液中 NH_4^+ 的量为 11.0mmol,溶液的体积为

$$1.00mL+0.73mL+\left(8d\times\frac{1mL}{20d}\right)=2.13mL$$

则$[NH_4^+]$和$[NH_3]$为

$$[NH_4^+]=\frac{11.0mmol\ NH_4^+}{2.13mL}=5.16mol\cdot L^{-1}$$

$$[NH_3]=\frac{4.44mmol\ NH_3}{2.13mL}=2.08mol\cdot L^{-1}$$

$$pOH = 4.76 + \lg\frac{[NH_4^+]}{[NH_3]} = 4.76 + \lg\frac{5.16}{2.08} = 5.15$$

$$[OH^-] = 10^{-pOH} = 10^{-5.15} = 7.0\times10^{-6}(mol\cdot L^{-1})$$

$$K_{sp} = [Fe^{3+}][OH^-]^3 = 4\times10^{-38}$$

$$[Fe^{3+}] = \frac{4\times10^{-38}}{[OH^-]^3} = \frac{4\times10^{-38}}{(7.0\times10^{-6})^3} = 1\times10^{-22}(mol\cdot L^{-1})$$

10-41　计算钴氨络离子与硫氰酸铵反应的平衡常数。

解:

$$Co^{2+}(aq) + 4SCN^-(aq) \rightleftharpoons Co(SCN)_4^{2-}(aq) \qquad K_1 = K_{稳} = 1.0\times10^3$$

$$+)\quad Co(NH_3)_6^{2+}(aq) \rightleftharpoons Co^{2+}(aq) + 6NH_3(aq) \quad K_2 = 1/K_{稳} = 1/(1.3\times10^5)$$

$$Co(NH_3)_6^{2+}(aq) + 4SCN^-(aq) \rightleftharpoons Co(SCN)_4^{2-} + 6NH_3(aq)$$

$$K = K_1K_2 = (1.0\times10^3)/(1.3\times10^5) = 7.7\times10^{-3}$$

10-42　向 5mL pH=9.00 的未知水溶液中加 3 滴(约 0.15mL) 0.50mol·L^{-1}的 $Ba(NO_3)_2$(aq)溶液。问该未知液中不生成 $BaCrO_4$ 沉淀的 Cr(Ⅵ)的最大浓度为多少?

解: 平衡时 Ba^{2+} 浓度

$$[Ba^{2+}] = \frac{0.15mL\times\dfrac{0.50mmol\ Ba(NO_3)_2}{1mL}\times\dfrac{1mmol\ Ba^{2+}}{1mmol\ Ba(NO_3)_2}}{5.00mL + 0.15mL} = 0.015mol\cdot L^{-1}$$

$$K_{sp} = [Ba^{2+}][CrO_4^{2-}] = 1.2\times10^{-10}$$

$$[CrO_4^{2-}] = \frac{1.2\times10^{-10}}{[Ba^{2+}]} = \frac{1.2\times10^{-10}}{0.015} = 8.0\times10^{-9}(mol\cdot L^{-1})$$

$$[H^+] = 10^{-pH} = 10^{-9.00} = 1.00\times10^{-9}(mol\cdot L^{-1})$$

Cr(Ⅵ)在水溶液中有以下平衡存在

$$2CrO_4^{2-} + 2H^+ \rightleftharpoons Cr_2O_7^{2-} + H_2O$$

$$K = \frac{[Cr_2O_7^{2-}]}{[CrO_4^{2-}][H^+]} = 3.2\times10^{14}(mol\cdot L^{-1})$$

$$[Cr_2O_7^{2-}] = 3.2\times10^{14}\times(8.0\times10^{-9})^2\times(1.00\times10^{-9})^2 = 2.0\times10^{-20}(mol\cdot L^{-1})$$

所以在碱性条件下,$Cr_2O_7^{2-}$ 的存在可忽略不计,Cr(Ⅵ)基本上以 CrO_4^{2-} 形式存在,不生成的 $BaCrO_4$ 沉淀的最大 CrO_4^{2-} 浓度为 $8.0\times10^{-9}mol\cdot L^{-1}$。

10-43　加 2.00mL 6.0mol·L^{-1} HCl 到 0.240mmol ZnS 沉淀中,计算有多少 ZnS 没有溶解?

解: 先计算溶解反应的平衡常数

$$ZnS(s) \rightleftharpoons Zn^{2+}(aq) + S^{2-}(aq) \qquad K_{sp} = 1.0\times10^{-21}$$

$$+)\quad S^{2-}(aq)+2H^+(aq)=\!=\!=H_2S(aq) \qquad K'=1/(1.1\times10^{-21})$$

$$ZnS(s)+2H^+(aq)=\!=\!=H_2S(aq)+Zn^{2+}(aq)$$

$$K=\frac{1.0\times10^{-21}}{1.1\times10^{-21}}=0.91$$

假定 ZnS 全部溶解,则$[Zn^{2+}]=0.240\text{mmol}/2.00\text{mL}=0.120\text{mol}\cdot\text{L}^{-1}$

$$[H^+]=6.0\text{mol}\cdot\text{L}^{-1}-2\times0.120\text{mol}\cdot\text{L}^{-1}=5.8\text{mol}\cdot\text{L}^{-1}$$

$$[H_2S]=0.10\text{mol}\cdot\text{L}^{-1}(\text{饱和水溶液})$$

$$Q=\frac{[Zn^{2+}][H_2S]}{[H^+]^2}=\frac{0.120\times0.10}{5.8^2}=3.6\times10^{-4}<0.91=K$$

由 $\Delta G=2.30RT\lg(Q/K)$,当 $Q<K$ 时,$\Delta G<0$,反应可正向进行,说明在此条件下 ZnS 沉淀一定全部溶解了。

第十一章　镧系和锕系元素

(一) 概　　述

镧系和锕系元素(lanthanides and actinide)也叫 f 区元素,其电子排布的特征是原子序数每增加 1,就在从外向内第三电子层上填充 1 个电子,所以它们也叫内过渡元素。

镧系元素包括 58 号铈到 71 号镥 14 种元素,其中除 58 号铈、64 号钆和 71 号镥的基态电子构型不太规则外,其他元素之间的差别只有 4f 电子的数目不同,所以镧系元素的物理化学性质非常相似,在自然界中它们总是共生而难于分离的。由于同层 f 电子之间的屏蔽作用很小,随原子序数的增加,有效核电荷增加,镧系元素的原子和离子半径有规律的减小,称为镧系收缩。镧和镧系元素的电子结构和半径见表 11.1。

表 11.1　镧和镧系元素的电子结构和半径

原子序数	名称	符号	电子构型				半径/Å[1]	
			Ln	Ln^{2+}	Ln^{3+}	Ln^{4+}	Ln	Ln^{3+}
57	镧	La	$5d^16s^2$	$5d^1$	$4f^0$		1.87	1.061
58	铈	Ce	$4f^15d^16s^2$	$4f^2$	$4f^1$	$4f^0$	1.83	1.034
59	镨	Pr	$4f^36s^2$	$4f^3$	$4f^2$	$4f^1$	1.82	1.013
60	钕	Nd	$4f^46s^2$	$4f^4$	$4f^3$	$4f^2$	1.81	0.995
61	钷	Pm	$4f^56s^2$	$4f^5$	$4f^4$		—	0.979
62	钐	Sm	$4f^66s^2$	$4f^6$	$4f^5$		1.79	0.964
63	铕	Eu	$4f^76s^2$	$4f^7$	$4f^6$		2.04	0.95
64	钆	Gd	$4f^75d^16s^2$	$4f^75d^1$	$4f^7$		1.8	0.938
65	铽	Tb	$4f^96s^2$	$4f^9$	$4f^8$	$4f^7$	1.78	0.923
66	镝	Dy	$4f^{10}6s^2$	$4f^{10}$	$4f^9$	$4f^8$	1.77	0.908
67	钬	Ho	$4f^{11}6s^2$	$4f^{11}$	$4f^{10}$		1.76	0.894
68	铒	Er	$4f^{12}6s^2$	$4f^{12}$	$4f^{11}$		1.75	0.881
69	铥	Tm	$4f^{13}6s^2$	$4f^{13}$	$4f^{12}$		1.74	0.869
70	镱	Yb	$4f^{14}6s^2$	$4f^{14}$	$4f^{13}$		1.94	0.858
71	镥	Lu	$4f^{14}5d^16s^2$	$4f^{14}5d^1$	$4f^{14}$		1.74	0.848

1) $1Å=10^{-10}m$。

锕系元素也属于 f 区元素,包括原子序数从 90 到 103 号共 14 个元素。其中前 7

个元素之间的性质差别较大，可用传统的化学方法分离。后 7 个元素类似于镧系，相互差别很小。锕系元素的另一显著特点是都具有放射性，但它们的半衰期差别很大，如^{232}Th 和^{238}U 的半衰期分别为 1.4×10^{10}和 4.5×10^{9}年，而锕系元素的后半部分，半衰期只有几分钟或更短。锕和锕系元素的电子结构和半径见表 11.2。

表 11.2 锕和锕系元素的电子结构和半径

原子序数	名称	符号	电子构型			半径/Å	
			M	M^{3+}	M^{4+}	M	M^{3+}
89	锕	Ac	$6d^17s^2$	$5d^0$		1.11	
90	钍	Th	$6d^27s^2$	$5f^1$	$5f^0$		0.99
91	镤	Pa	$5f^26d^17s^2$	$5f^2$	$5f^1$		0.96
92	铀	U	$5f^36d^17s^2$	$5f^3$	$5f^2$	1.03	0.93
93	镎	Np	$5f^46d^17s^2$	$5f^4$	$5f^3$	1.01	0.92
94	钚	Pu	$5f^67s^2$	$5f^5$	$5f^4$	1.00	0.90
95	镅	Am	$5f^77s^2$	$5f^6$	$5f^5$	0.99	0.89
96	锔	Cm	$5f^76d^17s^2$	$5f^7$	$5f^6$	0.99	0.88
97	锫	Bk	$5f^97s^2$	$5f^8$	$5f^7$	0.98	0.87
98	锎	Cf	$5f^{10}7s^2$	$5f^9$	$5f^8$	0.98	0.86
99	锿	Es	$5f^{11}7s^2$	$5f^{10}$	$5f^9$		
100	镄	Fm	$5f^{12}7s^2$	$5f^{11}$	$5f^{10}$		
101	钔	Md	$5f^{13}7s^2$	$5f^{12}$	$5f^{11}$		
102	锘	No	$5f^{14}7s^2$	$5f^{13}$	$5f^{12}$		
103	铹	Lr	$5f^{14}6d^17s^2$	$5f^{14}$	$5f^{13}$		

（二）习题及解答

11-1 f 区包括哪些元素？稀土是指哪些元素？

解： f 区元素包括原子序数 57 号 La～71 号 Lu，89 号 Ac～103 号 Lr。

稀土元素一般指 Sc，Y 和镧系元素，即 Sc，Y，La，Ce，Pr，Nd，Pm，Sm，Eu，Gd，Tb，Dy，Ho，Er，Tm，Yb，Lu 17 种元素。

11-2 如何制备镧系金属？

解：（1）电解法

1）电解熔融的无水 $LnCl_3$，用 NaCl 或 KCl 作助熔剂

$$2LnCl_3 = 2Ln + 3Cl_2$$

2）电解熔融的 $LnCl_3$，用熔融 Mg—Cd 作阴极，得到 Ln 和 Mg—Cd 合金。然后在 900～1200℃ 从合金中蒸馏出 Mg—Cd。

3）电解无水 $LnCl_3$ 的乙醇溶液，用 Hg 作阴极，得到 Ln—Hg 合金，经蒸馏除

去 Hg 而得到 Ln。

(2) 金属还原法

用活泼金属作还原剂还原镧系元素的卤化物(主要是稳定性较低的溴化物)

$$2SmBr_3 + 3Ba = 2Sm + 3BaBr_2$$

$$2CeCl_3 + 3Mg = 2Ce + 3MgCl_2$$

11-3　完成下列各反应式:

(1) $Ce(OH)_4 + H_2O_2 + H_2SO_4 \longrightarrow$

(2) $Ce(OH)_4 + HCl + H_2O \longrightarrow$

(3) $CeCl_4 + H_2O \longrightarrow$

(4) $Ce(NO)_4 + H_2C_2O_4 \longrightarrow$

(5) $Ce_2(SO_4)_3 + KMnO_4 + H_2SO_4 \longrightarrow$

(6) $CeFCO_3 + O_2 + Na_2CO_3 \longrightarrow$

(7) $CePO_4 + NaOH + O_2 \xrightarrow{\text{灼烧}}$

(8) $Ce(NO_3)_4$ + TBP(磷酸三丁酯)$\longrightarrow$

解: (1) $2Ce(OH)_4 + H_2O_2 + 3H_2SO_4 \longrightarrow Ce_2(SO_4)_3 + O_2 + 8H_2O$

(2) $2Ce(OH)_4 + 8HCl + 4H_2O \longrightarrow 2CeCl_3 \cdot 6H_2O + Cl_2$

(3) $CeCl_4 + H_2O \longrightarrow CeOCl_2 + 2HCl$

(4) $2Ce(NO_3)_4 + 4H_2C_2O_4 \longrightarrow Ce_2(C_2O_4)_3 + 2CO_2 + 8HNO_3$

(5) $5Ce_2(SO_4)_3 + 2KMnO_4 + 8H_2SO_4 \longrightarrow 10Ce(SO_4)_2 + K_2SO_4 + 2MnSO_4 + 8H_2O$

(6) $4CeFCO_3 + O_2 + 2Na_2CO_3 \longrightarrow 4CeO_2 + 6CO_2 + 4NaF$

(7) $2CePO_4 + 6NaOH + \frac{1}{2}O_2 \xrightarrow{\text{灼烧}} 2Na_3PO_4 + 2CeO_2 + 3H_2O$

(8) $Ce(NO_3)_4 + 2TBP \longrightarrow Ce(NO_3)_4 \cdot 2TBP$

11-4　简述稀土元素的主要用途。

解: (1) 在钢水中加入适量稀土元素,可除去钢水中的气体,减少钢中的有害元素,提高钢的韧性、耐磨性、抗腐性等。

(2) 在机械铸造工艺中,用加稀土球墨铸铁代替钢材,可降低产品成本。

(3) 稀土元素在有机合成、石油裂解中被用作催化剂,具有良好的催化能力。

(4) 稀土元素被应用于各种电子材料、电光源材料、激光材料、发光材料、永磁材料和玻璃陶瓷等制造工艺中,以改善这些材料的性能。

11-5　完成下列各反应式

(1) $ThO_2 + CCl_4 \longrightarrow$

(2) $ThF_4 + H_2O \longrightarrow$

(3) $Th(NO_3)_4 + NaOH \longrightarrow$

(4) $UF_6 + H_2O(g) \longrightarrow$

(5) $U_3O_8 + O_2 + H_2SO_4 \longrightarrow$

(6) $U^{4+} + Fe^{3+} + H_2O \longrightarrow$

解：(1) $ThO_2 + CCl_4 = ThCl_4 + CO_2$

(2) $ThF_4 + H_2O = ThOF_2 + 2HF$

(3) $Th(NO_3)_4 + 4NaOH = Th(OH)_4 \downarrow + 4NaNO_3$

(4) $UF_6 + 2H_2O(g) = UO_2F_2 + 4HF$

(5) $2U_3O_8 + O_2 + 6H_2SO_4 = 6UO_2SO_4 + 6H_2O$

(6) $U^{4+} + 2Fe^{3+} + 2H_2O = UO_2^{2+} + 2Fe^{2+} + 4H^+$

11-6　镧系元素的哪些性质和钙相似？哪些性质和铝相似？

解：(1) 和钙相似的性质

金属的离子化倾向；金属单质的活泼性；$Ln(OH)_3$ 显碱性；$LnPO_4$，LnF_3，$Ln_2(C_2O_4)_3$ 均为难溶盐。

(2) 和铝相似的性质

易形成 +3 价离子；$Ln(OH)_3$ 难溶，与 $Al(OH)_3$ 相似，沉化后更难溶；$Ln_2(SO_4)_3$ 含结晶水，与 $Al_2(SO_4)_3$ 相似，易溶于水，易形成复盐。

11-7　镧系元素草酸盐的溶度积和碳酸盐相近，为什么后者易溶于稀强酸？

解：

$$Ln_2(C_2O_4) + 3H^+ = Ln^{3+} + 3HC_2O_4^-$$

$$K_1 = \frac{K_{sp[Ln_2(C_2O_4)_3]}}{K_{a_2(H_2C_2O_4)}}$$

$$Ln_2(CO_3)_3 + 3H^+ = Ln^{3+} + 3HCO_3^-$$

$$K_2 = \frac{K_{sp[Ln_2(CO_3)_3]}}{K_{a_2(H_2CO_3)}}$$

$$K_{a_2(H_2C_2O_4)} = 6.40 \times 10^{-5} \gg K_{a_2(H_2CO_3)} = 5.61 \times 10^{-11}$$

所以

$$K_1 \gg K_2$$

碳酸盐更易溶于稀强酸。

11-8　镧系元素磷酸盐和其他非镧系元素(难溶)磷酸盐的沉淀有何不同？

解：Ln^{3+} 可以和 H_3PO_4 作用生成 $LnPO_4$ 沉淀，因为 H_3PO_4 酸性较强，所以其他金属的难溶磷酸盐一般需要在碱性条件下生成。

11-9　试述从镧到镥金属活泼性及氢氧化物的碱性的变化规律。

解：金属活泼性 La→Lu 顺序减弱。

碱性 $La(OH)_3 \rightarrow Lu(OH)_3$ 顺序减弱。

11-10　何为镧系收缩？镧系收缩对镥以后元素的性质有何影响？

解： 镧系元素属于 f 区元素，外层电子结构为 $4f^{2\sim14}5d^{0\sim1}6s^2$。从 58 号元素开始，每增加一个核外电子，都填充在 4f 层。因为 4f 电子对原子核的屏蔽作用弱于内层电子，所以随原子序数的增加，有效核电荷增加，原子核对外层电子的吸引力增强，使原子半径依次减小，称之为镧系收缩。

由于镧系收缩的影响，镥以后的过渡元素的原子、离子半径与相应的同族上一个元素非常接近(如 Zr 和 Hf，Nb 和 Ta，Mo 和 W)，化学性质也相似，不易分离。

11-11　稀土元素为什么要保存在煤油中？

解： 稀土元素是典型的金属元素。它们的金属活泼性仅次于碱金属和碱土金属。易被空气中的 O_2 氧化，易和水发生反应，但不与煤油作用，故可以在煤油中保存。

11-12　如何把镧系元素与其他元素分离？简述分离方法。

解： 镧系元素与其他元素的分离方法有如下步骤：

(1) 在酸性介质中，用 $H_2C_2O_4$ 从离子混合溶液中沉淀出 $Ln_2(C_2O_4)_3$，与 Na、Al、Fe、Mn、Ca、Mg 等分离。

(2) 用 $NH_3 \cdot H_2O$ 从离子混合溶液中沉淀出 LnF_3，与 Na，Mg，Ca，Mn 等分离。

(3) 用氟化物从离子混合溶液中沉淀出 $Ln(OH)_3$，与 Na，P，Si 等分离。

(4) 用易溶酸式磷酸盐从混合离子溶液中沉淀出 $LnPO_4$，可与 Na、Mg、Mn、Co 等分离。

(5) 使镧系元素生成难溶的硫酸复盐，可与 Al、Fe、U、Mg 等分离。

从镧系元素混合物中分离提取单一镧系元素的方法如下：

(1) 化学法

分级结晶：利用溶解度的差别，经过上万次反复分级结晶。

分级沉淀：利用沉淀条件的细微差别，多次沉淀使溶解度小的难溶物分级析出。

氧化还原法：对于有变价的镧系元素，控制 pH 使其与其他元素分离。

(2) 离子交换法

使 Ln^{3+} 被阳离子树脂吸附，然后用适当淋洗液将 Ln^{3+} 与交换柱分离洗脱。

(3) 萃取

控制条件使某些 Ln^{3+}(在有络合剂存在时)溶于有机溶剂，然后进行反萃取。

11-13　在将稀土元素从其他金属元素中分离出来时，为什么要用 $H_2C_2O_4$？

解： 稀土的草酸盐既不溶于水也难溶于酸，可以使稀土元素在酸性溶液中以草酸盐的形式析出，从而同其他许多金属离子分离。

11-14　在容量分析中，采用含有 Ce^{4+} 的盐溶液作氧化剂有何好处？

解： Ce^{4+} 在酸性溶液中具有氧化性，在容量分析中作氧化剂时，从 Ce^{4+} 直接转变为 Ce^{3+} 而没有中间产物，这一点优于其他许多重要氧化剂如 $KMnO_4$、$K_2Cr_2O_7$ 等。